航班延误波及与
网络化蔓延动力学机制

贾 萌 编著

北京航空航天大学出版社

内 容 简 介

随着我国民航运输量的迅猛增长,多航班之间的关联性导致航班延误态势在整个航空运输网络中涟漪式动态蔓延特点逐渐显现,这种多级、多层次的延误动态级联蔓延效应给航班延误处置带来了巨大困难。本书着眼于航班延误链,以航班延误蔓延的本质规律为切入点,针对航空运输网络中航班延误的链式波及效应和动态级联蔓延机制展开了深入研究,主要内容涉及延误蔓延链式机理、延误要素链式反应模型构建和航空运输网络中航班动态级联延误蔓延动力学机制等方面,为我国有效处置航空运输网络中大面积航班延误提供了理论依据。

本书适合作为相关科研人员和民航企事业单位的工程技术及管理人员的参考书,亦可作为高等院校交通运输及相关专业本科生和研究生的教学参考书。

图书在版编目(CIP)数据

航班延误波及与网络化蔓延动力学机制 / 贾萌编著.
北京 : 北京航空航天大学出版社,2024.9.-- ISBN
978-7-5124-4497-3
Ⅰ.F561
中国国家版本馆 CIP 数据核字第 2024LU6115 号

航班延误波及与网络化蔓延动力学机制

贾 萌 编著

策划编辑 董 瑞　责任编辑 杨国龙

*

北京航空航天大学出版社出版发行

北京市海淀区学院路 37 号(邮编 100191)　http://www.buaapress.com.cn
发行部电话:(010)82317024　传真:(010)82328026
读者信箱:goodtextbook@126.com　邮购电话:(010)82316936
北京富资园科技发展有限公司印装　各地书店经销

*

开本:787×1 092　1/16　印张:9.5　字数:243 千字
2024 年 9 月第 1 版　2024 年 9 月第 1 次印刷
ISBN 978-7-5124-4497-3　定价:78.00 元

前　　言

自改革开放至今，我国民用航空运输业发展迅速，航空运输规模不断扩大。2012年，在《国务院关于促进民航业发展的若干意见》[1]（以下简称《意见》）中，将我国民航业定位为"我国经济社会发展重要的战略产业"，开启了民航业科学发展的新局面。《意见》将持续提升运输服务质量作为促进民航业健康发展的主要任务之一，提出要按照"科学调度、保障有力"的要求，努力提高航班正常率，充分体现了提升航班正常率对促进民航业发展的重要意义。自党的十八大以来，民航局高度重视航班正常管理工作，多次开展航班延误治理活动，并制定了一系列治理航班延误的政策措施，取得了一定成效。然而，人民群众对民航业服务能力和服务水平的要求越来越高，而日益增长的航空运输需求与有限飞行资源、逐渐趋于饱和的可利用空域和航班容量之间的矛盾不断凸显，民航"十三五"期间仍存在航班正常率不高、航班平均延误时间增加、服务质量有待提高等突出问题，使航空运输网络中航班正常运行平衡态的脆弱性极大增加。航空公司为了提高飞机利用率而加大运力投入，广泛采用同一架飞机连续执行多个航段衔接紧密的飞行任务模式，这大大加剧了初始航班延误效应通过航班之间关联关系向航空运输网络中其他机场多方向扩散的可能性。这种多航班之间的关联性使航班延误效应逐渐发展为在整个航空运输网络中由点到线再到面的涟漪式动态蔓延，不仅扩大了航班延误的蔓延范围和影响程度，更加剧了航班延误处置的不确定性和恢复难度，制约着航班运行效率和民航服务质量的提升，使航班延误始终是困扰民航工作、影响旅客对民航服务满意度和获得感的一大难题。

本书围绕航空运输网络中航班动态级联延误蔓延动力学机制的有关理论和方法展开研究，以航空运输网络中航班延误蔓延的本质规律为主要探索背景，将链式效应演化理论和网络蔓延动力学机理应用于航班延误传播扩散趋势推演分析中，构建了涵盖延误蔓延触发机理、延误要素链式响应行为和航空运输网络中航班动态级联延误蔓延动力学机制的研究体系，解决了航空运输网络延误效应"牵一发而动全身"的动态连锁反应过程中的关键问题，实现了不同情景下航班动态级联延误蔓延的源头追溯和趋势推演，将航班延误处置方式从针对某个延误航班的单点防控转向以航班衔接链和资源共享链为追踪轨迹的多方向全面防控，研究角度和方法具有新颖性和实用性的特点。此外，本书还涉及突发事件链式效应理论、系统动力学原理、多层网络构建方法和系统建模与仿真等多领域知识的交叉应用。

本书特色主要表现在以下两方面：

① 从微观角度深入剖析了延误运动本质规律，建立了表征航班延误事件触发机制的新方法，提出了从能量流动角度反映延误要素因子能量耦合动力触发机制的新思路，并从链式效应角度探索构建多延误要素耦合链式波及动态结构路径的新举措，揭示了延误双向扩散属性、复杂反馈作用和链式反应分层蔓延的动力耦合机理，大幅提高了大面积航班延误情景中航班延误原因的追踪与定位精度，从而有效预防和控制了航空运输网络中延误效应"牵一发而动全身"的恶劣影响，遏制了初始航班延误触发苗头，切断了航班延误动态蔓延路径。

② 基于蔓延动力学理论，创造性地构建了航班延误双层耦合交互蔓延网络，分别揭示了底层延误要素演化网络中延误要素链式耦合蔓延动力学机制和顶层航班状态演化网络中航班状态动态级联延误蔓延动力学机制，有效克服了航班延误链式波及过程中动力触发源头和动力传播支持之间逻辑依赖关系模糊的障碍，清晰直观地反映了底层延误要素链式反应对顶层航班状态动态级联蔓延的刺激和驱动作用，以及由此引发的单一延误到多级延误的动态蔓延连锁响应行为，更加准确地刻画了延误效应以航班衔接链或资源共享链为媒介在航空运输网络中涟漪式扩散蔓延的动力学演化机制。

本书共分为 6 章，分别为：

第 1 章为在阐明航班延误的研究背景和意义的基础上，综述国内外关于航班延误问题的最新研究进展，指出当前研究亟待解决的关键问题，并给出航班延误波及与网络化蔓延动力学机制的研究思路。

第 2 章以延误运动本质和链式响应行为特征为切入点，深入挖掘航班延误蔓延链的形成机理，建立航班延误蔓延链式关系结构，对延误要素动态响应关系和航班延误环节系统结构模式进行形式化表征。

第 3 章从动力学演化角度出发，在构建航班延误双层耦合交互蔓延网络的基础上，分别建立延误要素链式耦合蔓延动力学模型和航班状态动态级联延误蔓延动力学模型，刻画航空运输网络中航班动态级联延误波及机制和扩散趋势。

第 4 章借助 Anylogic 建模软件对航班延误蔓延链式系统进行仿真模拟，建立航空运输网络航班延误蔓延动力学仿真模型，直观地反映航班延误在双层耦合交互蔓延网络中传播的动力学演化过程。

第 5 章对本书介绍的延误要素链式耦合蔓延动力学模型和航班状态动态级联延误蔓延动力学模型进行仿真验证和实验结果分析，动态推演不同航班动态级联延误触发策略下的航班延误波及与网络化蔓延态势。

第6章总结了本书主要结论,展望后续研究中需要进一步解决的问题。

本书为国家自然科学基金青年科学基金项目《航空运输网络中航班动态级联延误蔓延动力学演化机制研究》(52102379)、南京工程学院校级科研基金项目《基于双层耦合交通网络的延误链式效应动态扩散机制研究》(YKJ202030)的成果。

本书撰写工作得到了南京航空航天大学民航学院杨英宝教授、邵荃教授和冯绍红教授的大力支持和无私帮助。此外,作者参阅了大量国内外相关文献和学术论著,在此一并向诸位学者表示衷心感谢。同时,感谢北京航空航天大学出版社在本书编辑出版过程中给予的热心帮助和建设性意见。

受限于笔者之能力,书中难免存在疏漏之处,恳请同行专家和读者批评指正。

贾　萌

2024 年 4 月于南京

目　　录

第1章 绪 论

1.1 概 述

民航业是我国经济社会发展的重要战略产业。2016年,我国民航业深入贯彻中央会议精神,制定了《中国民用航空发展第十三个五年规划》[1],将民航强国建设确立为发展主线,并进一步将服务品质明显改善作为"十三五"时期的主要目标之一,全面提升运行质量,航班正常率力争达到80%,全面提升服务水平,打造民航"真情服务"品牌,增进旅客对民航真情服务的获得感[2]。为确保"十三五"规划和总体工作思路落到实处,民航局不断加大改革工作力度,制定了《关于进一步深化民航改革工作的意见》[3]以及若干个专项改革实施意见和工作方案,以期提升航班正常管理能力。2018年,民航局出台的《新时代民航强国建设行动纲要》中明确指出,要加快民航发展质量变革和效率变革,突破瓶颈制约,着力推动民航高质量发展,以航班正常为核心,实现民航服务由合格率向满意度转变,探索建立全面系统的机场网络运行协调与融合发展机制,实现由民航大国向保障有力、人民满意、竞争力强的民航强国转变。2020年,民航局印发的《中国民航四型机场建设行动纲要(2020—2035年)》中提出,正确处理安全与正常、安全与服务的关系,持续完善以运行控制、机场保障、流量管理和考核机制为核心的航班正常管理体系,使航班正常率稳步提升,为全方位建设民航强国提供重要支撑。可见,这些指导民航强国建设的纲领性文件都高度重视航班正常管理工作,航班正常作为民航真情服务工作的核心,已被纳入民航高质量发展的重要指标。

在实现民航强国战略构想的"十三五"时期,全国民航主要运输指标持续平稳递增。据中国民用航空局发布的主要运输生产指标统计,2019年全行业完成运输总周转量、旅客周转量、旅客运输量和全国运输机场完成飞机起降架次分别比2015年增长51.85%、60.73%、51.30%和36.13%。据中国民用航空局发布的民航行业发展统计公报显示,全国客运航空公司执行航班量从2011年的235.3万班次增长到2019年的461.11万班次,增长率达到95.97%。然而,随着我国民用航空旅客运输量和航班执行量的不断增加,全国航班正常率却提升乏力,2015年航班正常率创出自2011年以来最低值68.33%,航班延误问题不断涌现。为狠抓旅客强烈反映的航班正常问题,提高航班正常水平,有效处置航班延误,提升民航服务质量,保障旅客正当权益,维护航班正常运行秩序,2016年民航局开展了"民航服务质量提升""民航服务质量规范"专项行动,并出台《航班正常管理规定》[4]和《公共航空运输服务消费者投诉管理办法》[5],使2016年和2017年航班正常率有所回升,分别达到76.76%和71.67%。此后,民航局坚持不断优化服务理念,2018年开展了"民航服务质量体系建设"专项行动,又先后出台了《民航航班时刻管理办法》[6]《关于进一步提升民航服务质量的指导意见》[7]和《新时代民航强国建设行动纲要》[8],以航班正常为核心,秉承"真情服务"的理念,持续提升大面积航班延误应急处置工作水平,航班正常管理成效显著,2019年全国航班正常率达到81.65%,达到了"十三五"规划中航班正常率力争达到80%的目标。可以看出,民航局对提升航班正常率工作的重视和实施力度,使民航服务实现由合格率向满意度的转变[8]。

在民航多部门的齐抓共管下,航班正常率正在逐步提升,但相较我国航班量迅猛增长的趋势,航空承运人、空管、机场的保障能力仍然明显不足,在一定程度上影响了我国民航发展和航班正常水平,使得航班延误始终是困扰我国民航运输工作、影响旅客对民航服务满意度和获得感的重要问题。一直以来,航班延误是社会关注的焦点,越来越多的旅客在遇到航班延误时会选择正确有效的方式来维护自身的合法权益。中国民用航空局发布的消费者投诉情况通报显示,消费者投诉逐年增加,2019 年达到 30 463 件,与 2011 年相比,增长了十倍多。其中,对国内航空公司投诉比例最高的是航班问题,2019 年共受理了 11 744 件航班问题投诉,占国内航空公司投诉的 48.32%。在 1 977 件对机场的投诉中,有 203 件是针对航班延误时服务问题的投诉,占投诉比例的 10.27%。可见,航班延误问题严重影响了消费者对民航运输的满意度,制约着航空公司和机场服务质量的提升。因此,以航班正常率为核心的服务质量还有待提高,航班延误问题依然严峻。

从当前航班运输量日益增加的民航实际运行来看,航空公司为了适应急速上升的航班运输需求,往往制定紧凑的航班计划安排,不断增加飞机连续利用程度,同一架飞机通常需要接连执行多个航段衔接紧密的飞行任务,使多个航班之间存在一定的隐形关联,这将引发几个单一航班延误形成的延误效应以航班衔接链或资源共享链为传播媒介,在相关联的航班和机场之间进行时空传导。因此,航班延误已不再是某几个航班互不干扰的孤立静止现象,它不仅是直接影响某个航班自身不正常运行的结果,还与多种不确定性因素相互耦合关联产生多种多样的影响,为其他事件的发生或其他航班的不正常运行提供条件,形成单一延误引发一系列次生延误的延误链现象,影响其后续航班和所在机场其他航班的运行秩序和安全。这种延误效应在整个航空运输网络中由点到线再到面的涟漪式动态蔓延,呈现出延误链式结构在时间和空间上不断演化的态势,最终酝酿积聚为多级、多层次的航班动态级联延误蔓延系统,使其产生的延误波及效应远比单一延误造成的影响大且深远,触发延误累积放大效应,对民航的运行安全和社会的安定和谐造成恶劣的影响。可见,延误波及的链式效应不仅加剧了延误处置的不确定性,更使航班恢复正常运行的难度呈指数式增加。因此,面对现实生活中"牵一发而动全身"的复杂大面积延误现象,有必要以延误链式蔓延为主线,深入研究航空运输网络延误演化扩散的动力学机制,科学预测单一延误可能引发的延误"涟漪式"动态级联蔓延态势,及时有效地应对实际运行中的延误波及事件,尽可能减小延误的影响程度和蔓延范围,降低延误带来的损失,从而提升民航"真情服务"质量,构建使旅客满意的民航运输系统。

1.2 国内外研究现状

由于多航班之间的关联性导致延误效应在航空运输网络中以"点—线—面"的方式链式蔓延,其所产生的链发式响应行为不论是从影响范围还是影响后果来看,对航空运输领域来说都可能演化为一场灾难。这种初始航班延误相继引发一系列次生延误的连锁反应波及现象存在着明显的链式效应特征,由其引发的网络连锁反应现象可以抽象为符合一定扩散规律的网络蔓延动力学行为。这使得借鉴事件链式演化思想,从航班延误蔓延动力学机理的角度对航空运输网络延误波及问题寻求突破势在必行。因此,本书分别从航班延误及其波及、链式效应演化机理和网络蔓延动力学机制三个方面对该问题的现有研究成果进行综述。

1.2.1 航班延误及其波及的研究现状

近年来,航班延误事件的频繁发生逐渐成为社会各界关注的焦点,对机场、航空公司以及旅客的经济利益与人身安全造成严重影响,使得航班延误成为大型枢纽机场运行管理的难点问题。当大面积航班延误发生时,多航班之间的关联性导致延误效应在航空运输网络中以"点—线—面"的传导趋势快速蔓延,此时分析航班延误波及就显得尤为重要。因此,针对航班延误及其波及的研究越来越受到国内外学者的重视,力图将航班延误的影响范围、影响程度和造成的损失降低到最小。

1. 航班延误波及模型方面

针对航班延误波及模型方面的研究,国内外学者们针对上游航班延误对下游关联航班的延误扩散作用,分别从延误波及模式、机场和空域容量、延误波及的相关性等角度建立了航班延误波及模型。例如,张兆宁和王晶华[9]针对大面积航班延误在本场以及本场与目的地机场之间的传播,提出了 O - D 场概念,分析了大面积航班延误时 O - D 场之间延误波及的途径,通过建立动态参数表征延误波及并量化延误波及程度,并基于状态空间理论提出了 O - D 场延误波及状态空间模型。Baspinar B 等[10]提出了一种基于流行病传播过程的延误波及模型,该模型能够定义新的性能指标和航空运输网络元素间的相互作用率,为了分析不同层面网络上的延误波及行为,构建了两个不同的近似于动态系统的数据驱动流行病模型,即基于航班的流行病模型和基于机场的流行病模型,用于分别关注个体航班和机场关联群体行为。Wu Q 等[11]建立了用于评估航空运输网络航班延误的机场-扇区网络延误模型,通过在三个主要部分(包括排队引擎、链路传输模型和延误波及算法)之间进行迭代来同时考虑机场和空域容量,,通过机场网络延误模型结果与实际延误数据的对比来评估模型性能。Wu W W 和 Wu C L[12]提出了基于贝叶斯网络的增强性延误波及树模型(DPT - BN),用于模拟多航班延误波及和延误的相关性,通过一组真实的航空公司数据显示出航班具有非均匀的延误波及效应,这种基于概率的延误模型能够真实模拟延误波及机制的非独立和同分布延误,有助于航空公司实施稳健的调度方法。

2. 航班运行和航班延误影响因素方面

针对航班运行和航班延误影响因素方面的研究,国内外学者们为了探究航班运行过程中航班延误及其波及产生的本质原因,研究了天气、航空公司规模、飞行资源等因素对航班延误的影响。例如,Borsky S 等[13]利用美国航班数据库分析了突发天气事件和慢性天气事件对离港延误的影响,其中,突发天气事件使用差异框架以每小时来推断,慢性天气事件基于板面修正标准差(PCSE)的普莱斯-温斯登(PW)估计来评估离港延误的影响,评估结果表明,根据天气类型和干扰强度离港延误显著增长长达 23 min。吴薇薇等[14]研究了延误航班飞行资源分离对共享资源的衔接航班的延误影响,采用基于贝叶斯网络的比例风险回归模型分析存在飞行资源分离的航班串,探讨了不同延误因素对延误传递效果的影响。杨秀云等[15]对航班运行的闭环流程进行阶段划分,并提取出航班延误中可以控制的关键因素和不可以控制的因素,对航班起飞和到达分布、航班延误分布进行了验证,并建立了航班延误总动态排队模型,分析了各种因素导致的航班延误影响程度和频率。Que Z F 等[16]通过建立链式航空网络模型挖掘出航班初始延误与延误传播之间的关系,并提取出链式航空网络中航班延误纵向扩散的三个评估要素,仿真发现这三个要素都与航班初始延误具有正相关性。

3. 航班延误预测方面

针对航班延误预测方面的研究,国内外学者们选取不同方式构建了航班延误预测模型,实现了对航班延误关键因素、延误等级、进离港航班延误序列等方面的有效预测。例如,Yu B 等[17]提出了一种实用的航班延误预测模型,采用多因素方法和深度信念网络方法挖掘出航班延误的内在模式,将支持向量回归嵌入开发的模型中,很好地处理了大型数据集并捕获了影响延误的关键因素,使其通航机场能够通过协助来共同减轻航空网络中的延误波及。吴仁彪等[18]针对传统算法对现实中大量航班延误预测数据处理能力的局限性和难以进行特征提取的问题,建立了一种基于双通道卷积神经网络(DCNN)的航班延误预测模型。Belcastro L 等[19]为了预测由于天气条件导致的航班计划进港延误,根据航班时刻表预测的进港延误考虑了航班信息以及起飞机场和目的地机场的天气条件,利用执行在云端平台的 MapReduce 程序并行算法,分析和采集了航空公司飞行和天气观测数据集,该方法对于超过给定阈值的延误预测具有很高的准确性。Khanmohammadi S 等[20]提出了一种新型的多级输入层人工神经网络(ANN),用于预测纽约肯尼迪机场的进港航班延误,其中输入层的每个子层的神经元象征系统不同水平的延误源,并且每个神经元的激活表示可能成为全局延误的根源,该模型在预测误差和训练 ANN 模型所需时间方面都优于传统的反向传播方法。

4. 航班延误成本方面

针对航班延误成本方面的研究,许多学者将研究重点放在航班延误成本构成、延误成本计算方法、延误成本预测、航线选择策略、飞机调度等方面。例如,Zhang M 等[21]在终端空域飞行改变航线和保持策略中考虑航班延误的运行成本,将到达航线分为几个水平和下降航段,建立了到达航班的燃油消耗模型,分别计算了执行改变航线策略和保持程序的到达航班延误时间和燃油成本,在同时考虑飞机型号和到达航线的基础上,提出了终端空域航班延误运行成本预测模型。Tian Y 等[22]针对空域能力需求不平衡时民用航空代理商之间的合作,研究了基于航班延误成本的航线选择策略随机模拟优化问题,通过考虑空域容量和需求的不确定性,分别采用协同改变航线策略(CRS)、全信息改变航线策略(FIRS)和混合航线偏好策略(HSR)减轻航班延误成本,并基于离散事件仿真模型和结合 OCBA 仿真优化技术的蒙特卡洛方法,评估了中国中南部空域的常见强对流天气情景。Liu W M 等[23]为减轻航班延误对飞行计划的影响,提出了一种基于航班延误波及的飞机调度双目标多条件网络流模型,将最优化目标设为总延误波及和航空公司运营成本最小,利用分支定价与列生成算法求解该问题,从而显著减少延误波及、提高飞机调度准时性和稳健性,同时降低总成本。

1.2.2 链式效应演化机理的研究现状

从上述对航班延误及其波及的研究发现,多数研究的侧重点是航班延误波及预测与航班延误原因分析,对航班延误波及链式效应影响的研究较少,目前有关链式效应及演化规律的研究主要针对复杂社会系统中的其他突发事件。由于这些事件存在突发性、随机性和多样性等特点,而且事件发生时往往多个因素彼此相互关联造成交互作用后果,这与初始航班延误在相关联航班或共享资源的传导作用下相继发生一系列次生延误的演化特性和链式波及现象十分相似,因此,研究航班延误波及可以借鉴学者们分析突发事件链式演化时采用的相关方法。目前,国内外有关复杂社会系统中自然灾害链式效应的探讨已成为关注热点,前人以系统的观点出发,发现各种自然灾害在演化过程中的触发源头常常是外界环境因素,并且凭借内部因素与外界环境的交互反映出一连串错综复杂的链发式响应行为,形成一种不可逆复杂动态演化开放系统,这逐渐使研究人员将演化规律的研究方向从针对某种单独事件转向针对事件相互触发形成的整个事件链(如台风灾害链、地震灾害链、地质灾害链等),并针对这些事件链进行特征规律分析、风险评估、灾害蔓延演化过程等方面研究,研究方法包括:经验地学统计、概率模型、复杂网络模型、灾害模拟以及多学科理论方法。

1. 链式效应的概念方面

国内外学者着眼于灾害事件发生后的一系列连锁反应,提出了很多链式演化概念。国外学者 Menoni S[24] 于 2001 年提议将简单耦合灾害损失用灾害损失链来取代。在我国,灾害链被看作灾害学的基本理论问题,郭增建和秦保燕[25] 于 1987 年将灾害链描述成一连串关联灾害相继触发的情景。随着研究的逐步深入,从国内外众多学者对灾害事件链的研究可以发现,链式传播现象有两个基本特征:

① 事件链中众多元素之间具有某种相互激发关系。例如,马宗晋等[26] 指出灾害链是由初始灾害分化形成的一连串次生灾害,并逐渐积聚为次生灾害链;倪晋仁等[27] 指出灾害链是由几种灾害之间的因果或同源联系酝酿产生的一种同时或陆续触发序列。进而,一些学者针对自然灾害事件总结出链式联系及演化特性。例如,Kappes M S 等[28] 提出自然灾害系统中众多灾害相互存在关联性,灾害系统状态受到某种灾害的干扰时会增加其他灾害触发的可能性;Dombrowsky W R[29] 指出自然系统中的要素交互及其与社会系统的彼此联系将导致自然灾害持续变化传播,并且不会单独存在。

② 多种事件连续演化的链式结构导致其产生的后果比某种单独事件产生的后果严重许多,使链式破坏效应在时空传导过程中不断积聚扩大。例如,在灾害链中,余瀚等[30] 将灾害链看作某种特定时空条件下,孕灾环境酝酿下的致灾因子触发形成的致灾因子链干扰承灾体,导致灾害后果串联积聚扩大的情形;Helbing[31] 指出灾害彼此之间的因果联系可能造成灾害系统更加复杂。

前人的研究表明,以链式效应为切入点探究复杂社会系统中各种事件相互触发的演化问题,可有效提升事件治理效果并降低各种事件连锁效应带来的损失。为此,许多研究人员还引入了连锁效应、诱发效应、级联效应、多米诺效应和雪崩效应等概念,用来描述某个关键的子系统或节点受到微弱干扰后,引起整个系统连锁反应,使系统中的大部分子系统或节点崩溃,产生灾难性后果的现象,以此来阐述某一事件触发其他事件的过程。

2. 链式效应的研究内容方面

当前国内外对链式效应研究的主要内容有链式效应形成机制、链式效应风险评估、链式效应损失评估等几个方面。

(1) 链式效应的形成机制研究

链式效应的形成机制是指事件链在形成时存在物质和能量在多种事件之间的交互,探究这种交互过程有助于识别和描述链式效应的形成规律与特性。当前,国内外学者对链式效应形成机制的研究主要集中在定性分析与描述,另有部分学者在建立数学和物理模型的基础上研究链式效应的形成机制,不过也只是比较基本的概念模型。高峰和谭雪[32] 着眼于雾霾危害及原因,分析了城市雾霾灾害链的成灾机制和灾害链的类型与特征,建立了城市雾霾灾害链演化网络模型。崔云等[33] 分析了堰塞湖灾害链形成衍变特点,提取出堰塞湖灾害链形成衍变的关键控制因素,提出了堰塞湖灾害链防灾思路。周科平等[34] 着眼于尾矿库溃坝灾害的形成发育,建立了尾矿库溃坝灾害链模型和灾害链节点横向耦合复杂灾害链网,分析了其成灾特征。钟敦伦等[35]将山地灾害链的致灾类型和灾害链形式进行划分,探究了山地灾害链的致灾因素、活动地域与结构特征。王可等[36]以6种海洋灾害为例,对其发展规律和危害后果进行梳理,建立了海洋灾害系统评价指标体系,并构建了6种海洋灾害链,通过归纳海洋灾害影响特征,建立了综合海洋灾害链。

（2）链式效应的风险评估研究

对事件链式效应进行研究是为了预估事件链的发生和损失风险,从而提供断链减灾防控策略。由于链式效应不能看作单个事件和多个事件的直接加总,相比单个事件,事件链具有相互诱发、时间延续和空间扩展等性质,基于链式效应对复杂社会系统中各种事件进行综合风险评估,有助于厘清各种事件之间的交互关系,真实刻画事件链式演化过程中的风险。因此,有很多学者对不同事件形成的链式风险进行了评估。张卫星和周洪建[37]对已有链式风险评估概念模型进行了整理,建立了汶川特大地震灾害链风险评估的概念模型。陈明亮[38]针对化工装置存在的事故危险,建立了装置事故风险评估方法,探究了装置风险的多米诺效应风险,并在构建装置的固有风险和多米诺效应风险模型的基础上,探讨了装置事故导致的多米诺事故场景及其概率。高进东[39]提出了池火灾多米诺效应风险评估模型,探究了一种储罐池火灾事故触发其他储罐池火灾的风险。

（3）链式效应的损失评估研究

对事件链式效应采取损失评估为事件处置开展和事件恢复物资调度提供了可靠依据。由于事件链式效应具有一定的层次性、交叉性和系统性,链式效应损失评估需要对事件链中各个要素进行综合分析,发掘事件链式演化进程中的事件后果累积放大效应。周健等[40]基于浒苔绿潮灾害的致灾机制,提出了浒苔绿潮灾害链,构建了浒苔绿潮灾害经济损失评估指标体系和经济损失评估模型。周洪建等[41]基于流域单元并综合多源信息,建立了半干旱地区极端强降雨灾害链损失快速评估方法。李静[42]针对致灾因子危险性和承灾体易损性,分析了台风灾情成因,基于Gradient Boosting算法预测了台风损失,得到各层级财政台风指数保险的直接经济损失,并给出了以保险为主的多方损失补偿机制。

3. 链式效应的研究方法方面

现阶段针对链式效应研究所采用的方法大都集中于从不同方面对事件链的形成过程、演化机制和链式特征进行定性描述,采用最多的是基于数据的概率分析方法和基于复杂网络的研究方法。

（1）基于数据的概率分析方法

事件链式演化过程中包含许多表现方式的事件相互触发关系,然而这种触发关系通常只呈现出逻辑上的相关性,实际环境中某种事件形成后不是必然触发次生事件。采用概率统计方法研究事件链式效应通常是在建立事件树的基础上对事件产生后可能触发的次生事件进行分析,进而对发生次生事件的条件概率进行计算,大部分学者采用了贝叶斯网络模型推测链式演化过程中各种事件的发生概率,也有部分学者采用神经网络和专家打分等方法得到各事件在事件链中触发的条件概率。接小峰等[43]根据铁路水害的时空分布特征,构建了基于关键诱发因子的致灾因子指标体系,并提出了Logistic概率预测模型。侯静惟等[44]基于极值理论分别对海南风雨两个单致灾因子的强度概率边缘进行拟合,并采用Clayton、Frank、Gumbel Copula函数计算了风雨二维联合概率。从目前有关链式效应问题的研究发现,条件概率基本上体现了事件原因之间存在的相互关系,但没有全面地将其他因素考虑在内,还无法准确刻画各种事件彼此之间及在其事件链内部的关系。

（2）基于复杂网络的研究方法

复杂网络具有复杂的拓扑结构,被广泛运用在工程和数理等多个学科研究领域。链式效应演化可以看作一个复杂网络系统,利用复杂网络理论对链式效应的动力学过程展开分析,在建立事件链式演化复杂网络的基础上,用网络节点状态表示事件损失,推演事件链式效应复杂网络的演化过程,从而建立动力学演化模型。例如,Buzna L 等[45]构建了灾害蔓延的普适性动力学模型,将网络节点的自修复功能、灾害蔓延机理和内部随机噪声考虑在内,通过仿真分析指出在灾害蔓延时存在相变,即存在一个传播临界值,其大小与节点参数及网络拓扑结构有关,并讨论了节点自失效时的网络鲁棒性。此后,又有很多学者进一步研究了灾害蔓延动力学模型。另外,复杂网络方法还被广泛运用于解决台风、暴雨、冰雪等自然灾害事件链式效应问题。例如,胡明生等[46]着眼于灾害彼此存在的内部联系,结合灾害发生的时间跨距对灾害间的共现率和引发率进行估算,构建了基于引发率的灾种复杂网络模型,提出了有向加权网聚类系数的计算方法。刘爱华和吴超[47]基于复杂网络结构刻画了灾害链的演化特征,以数学形式描述了灾害链的作用机理,并以复杂网络为载体,运用贝叶斯方法获得了各个节点灾害损失等级的联合概率分布,建立了基于复杂网络结构的灾害链风险评估模型。

1.2.3 网络蔓延动力学机制的研究现状

实际情景中很多复杂系统都能够抽象成网络形式来描述,例如水电网、天然气网、通信网、交通网等,这些网络中包含许多节点和节点之间的多条连接边,其中,用节点表示组成各个复杂系统的个体,用节点之间的连接边表示复杂系统中个体的彼此联系,这种采用网络理论对复杂系统进行研究已被应用到很多学科领域。然而,若想深入挖掘网络中所有隐含特性,就需要考虑网络结构和物质传播动力学交互作用机制,网络蔓延动力学可以从动态传播的角度探究物质在各种网络系统中随时间演化的规律,通过设定网络演化规则,利用网络蔓延动力学来动态刻画系统在某种特定情景中的自发式传播过程。因此,有关网络蔓延动力学的研究越来越受到国内外学者的关注,很多学者利用网络蔓延动力学机制解决现实中的相关问题。例如,随机或故意攻击网络中某些节点或边形成网络拓扑结构的演化、电脑病毒在互联网上的扩散、传染性疾病在人群中的传播[48,49]、谣言等社会舆论在群体中的扩散和各种灾害在城市生命线系统的蔓延等,这些拓扑结构网络中的复杂交互行为和关联关系,使得网络中某个关键节点或连接边受到微小扰动后,会将这种干扰作用传导至其他节点或连接边,造成部分或整个网络系统大面积崩溃等一连串连锁反应,发生难以恢复的灾难性后果。有的学者将这种现象称为级联失效,也有学者称之为多米诺效应或雪崩效应,这种连锁反应现象都可以抽象为符合一定扩散规律的网络蔓延动力学行为。

国内外很多学者进一步研究了网络蔓延动力学机制。2006 年,Buzna L 等[45]为了研究灾害在社会基础设施网络中的雪崩效应,提出了一种普适性的灾害蔓延动力学模型,讨论了网络节点的自修复功能、灾害蔓延机理和内部随机噪声共同作用下节点自失效时网络的鲁棒性。2007 年,Buzna L 等[50]基于灾害蔓延动力学模型,研究了随机攻击下网络失效蔓延动力学模型恢复策略的有效性,基于当前网络状态和网络拓扑的信息控制资源分配,在模型参数中考虑网络拓扑、响应时间延迟和资源的整体配置,针对不同网络比较了各种恢复策略的有效性,并确定了最优应对策略。2008年,Peters K 等[51]在以上研究的基础上进一步评估了定向网络中的级联效应,提出了系统行为的三种基本形式,通过模拟不同网络的动态行为,获得了网络失效无阻尼扩散的临界阈值,并模拟了不同策略对灾害传播管理的影响。2014年,Hong S 等[52]为研究复杂动态网络(CDN)的动态行为,将复杂动态网络视为具有时间特征的静态网络,提出了复杂动态网络失效传播动力学模型,分别将失效传播动力学模型应用在复杂动态网络和传统静态网络并进行对比,探讨了复杂动态网络的影响因子和失效传播动力学规律。以上研究中受到外部干扰的节点均采用随机方式选取,无法全面反映网络的现实情况,在一定程度上具有局限性。然而,不同状态的节点受到干扰后会产生不同的后果,进而相继有学者制定了不同的初始节点选取方案来探究网络蔓延过程。2012年和2018年,李泽荃等[53,54]基于普适性的灾害蔓延动力学模型,研究了同质网络结构和异质网络结构上网络中心性对灾害蔓延的影响,提出了4种初始破坏节点选取策略,对比了初始网络状态对灾害蔓延效率的影响,并分别探讨了实施4种初始崩溃节点选取策略后灾害最终蔓延状态的异同。

另外,网络蔓延动力学理论也陆续被运用到各种领域处理很多现实困难。针对关键生命线系统,翁文国等[55]利用普适性的灾害蔓延动力学模型模拟了随机扰动下关键生命线系统的演化行为,分别针对3种理想网络拓扑结构,分析了自修复因子、延迟时间因子和噪声强度对节点修复率和崩溃节点数量的扰动作用,刻画了3个特征参数对灾害蔓延的相变过程,从而区分了生命线系统的稳定和崩溃状态。针对城市供水系统,秦效宏和黄光球[56]提出了城市供水系统故障蔓延动力学模型,结合城市供水复杂网络节点的自修复功能和故障蔓延机制,通过分析修复因子、延迟时间因子对节点修复率和故障节点数的影响情况,模拟了不同城市供水系统故障随时间演化的蔓延动力学趋势。针对城市道路交通网,肖文锦和张琦[57]为了描述城市轨道交通拥堵扩散规律,研究了轨道交通网络拥堵扩散特征和拥堵扩散过程,借鉴灾害蔓延动力学模型构建了轨道交通网络拥堵扩散动力学模型,并通过模拟实验揭示了不同因素对轨道交通拥堵扩散程度的影响。此外,Guo Q 等[58]研究了社区网络中灾害蔓延的动力学特征,揭示了社区网络自我修复和蔓延动态之间的梯形转换特征,建立了人为有向社区网络拓扑结构,并基于普适性的灾害蔓延动力学模型,通过数值仿真分别从恢复时间参数、时间延迟因子和节点交互强度3方面分析了社区网络和随机网络之间的差异特征,揭示了灾害在社区网络中的传播规律。

1.2.4 研究现状小结

综上所述,现有针对航班延误问题的研究还无法满足有效解决当前大面积航班延误在航空运输网络中动态级联蔓延的实际需要,亟待借鉴延误效应关联性及链式蔓延思想来创新研究思路和研究方法。为此,需要在以下几个方面实现突破:

第一,目前关于航班延误及其波及研究偏重对航班自身的延误形势评估以及单因素引发的简单延误链对后续关联航班的波及效应分析,然而面对现实生活中"牵一发而动全身"的复杂大面积延误现象,有必要以延误链为研究主线,系统地考虑航空运输网络中多延误要素非线性耦合交互和延误链式蔓延机制,从而真实反映延误效应在网络中的交叉响应和累积放大效应。

第二,对于"链式效应"或"链式关系"的研究目前主要运用于各种灾害事件连锁演化方面,然而航班延误时同样存在着以链式结构在航空运输网络中扩散蔓延的特征,采用链式演化理论有助于探索各种延误要素间的内在联系、相互影响机制和反馈作用,但现有各种链式演化理论并不完全适用于航班延误链式效应的研究。

第三,延误航班和与其关联的多种次生、衍生延误彼此交互耦合响应,形成连续的延误链,并对先前延误产生逆向反馈效应,这种类型各异的延误耦合方式会致使延误在形成和蔓延时产生时空差异并不断累积和传导,而现有研究在从延误关联性和系统性角度对延误诱发机理和蔓延趋势进行分析方面还比较薄弱,为准确反映多种延误事件相互触发导致的网络链发式响应行为,需要借鉴蔓延动力学方法在刻画自发式传播过程中的优势,放眼于整个航空运输网络,探究不同延误触发机制对航班动态级联延误波及效应的影响。

1.3　本书的主要内容

本书着眼于航班延误链,旨在从触发延误的延误要素演化逻辑和延误形成后在航空运输网络中动态级联蔓延机理的角度,以航空运输网络中延误形成的共性为主要探索背景,在统观延误全局的基础上将航班延误的研究提升到构建航空运输网络航班延误蔓延动力学系统模型,介绍在延误蔓延链式机理、延误要素链式反应模型构建和航空运输网络中航班动态级联延误蔓延动力学机制等方面取得的创新性成果,为我国有效处置航空运输网络中大面积航班延误提供理论依据。本书的主要内容如下:

① 介绍航班延误蔓延机理及延误链波及行为。从微观角度抽象出延误运动的本质规律和延误蔓延演化逻辑,从能量流动角度分析延误在相关航班衔接链和资源共享链中形成的延误串并发累积放大效应,基于延误蔓延链的多级连锁性描述延误蔓延链的形成机制,建立延误蔓延链式关系结构,并分析延误环节内部延误要素的动态响应行为关系和结构特征,建立延误环节系统结构模式的数学表征模型。

② 介绍航空运输网络中航班动态级联延误蔓延动力学机制。描述航班延误蔓延的动力学特征,建立包含底层延误要素演化网络和顶层航班状态演化网络的航班延误双层耦合交互蔓延网络;根据航班延误蔓延链式系统中延误要素之间因子能量耦合效应,建立子系统之间和各子系统内部延误要素之间的非线性耦合函数。在此基础上,分别建立延误要素演化网络中的延误要素链式耦合蔓延动力学模型和航空运输“机场-航班-资源”网络中的航班状态动态级联延误蔓延动力学模型。

③ 根据航班延误蔓延动力学模型,介绍采用 Anylogic 建模软件建立的航班延误蔓延链式系统仿真平台。将航空运输网络中航班延误蔓延动力学仿真模型划分为延误要素演化仿真模块和航班状态演化仿真模块,从航班延误致因角度,根据各种触发航班状态变化的延误要素耦合交互作用,基于系统动力学建模方法构建延误要素链式反应蔓延动力学仿真模型。在此基础上,分析延误要素因子激活度对航班状态变化的驱动作用,考虑航空运输网络中航班关联和资源关联,基于智能体建模方法构建航班状态动态级联延误蔓延动力学仿真模型。

④ 利用仿真实验分别对现实中 3 种典型情景下的航班运行数据进行模拟,通过对比实验结果与真实航班运行动态,验证航班延误蔓延动力学模型的有效性和准确性。在此基础上进一步介绍不同实验方案设置对航班延误蔓延的影响,在延误要素演化仿真模块中设置了 4 组实验方案,来评估模型关键参数变化对航班延误激活反应趋势产生的不同影响;根据航班动态级联延误触发策略,在航班状态演化仿真模块中设置了 3 组实验方案,来探究实施不同延误触发策略后航班动态级联延误蔓延程度和蔓延范围的异同。

第2章 航班延误蔓延机理及延误链波及行为

航班延误在航空运输网络中的蔓延是由于外部不确定因素与运行中的航班在空间和时间上的耦合,而导致航空运输网络中具有航班关联的机场之间和机场内部存在资源共享的航班之间彼此发生相互作用,并以航班衔接链或资源共享链为媒介在网络中传播扩散,从而形成一系列延误链式波及行为。本章从延误蔓延机理及累积放大效应、延误蔓延链的形成机理和延误蔓延链式关系结构及其数学形式表征等方面进行阐述,试图以延误运动本质和链式响应行为特征为切入点,探究延误蔓延的串并发现象和蔓延过程中各延误要素动态响应的蔓延反应机制。

2.1 航班延误蔓延机理及累积放大效应

2.1.1 航班延误触发的运动本质

在当前错综复杂的民航运输格局下,航班延误已不再是某几个航班互不干扰的孤立静止现象,往往伴随多种因素彼此影响和制约,例如外部不确定性因素、内部航线结构和航班时刻等,而且延误事件所在的环境和与其发生间接联系的其他环境都为延误事件的触发提供了不可或缺的孕育条件,进而演变为其他同类或异类延误事件,甚至是延误以航班或资源为传播媒介在多机场之间的蔓延。由于延误原因的多样性与航线结构和航班时刻的脆弱性,这种大面积航班延误对民航运输系统正常运行秩序产生严重的破坏后果,对机场和航空公司等部门都是一场巨大的灾难。因此,借鉴灾害系统论的观点,可将航班延误看作对航空运输系统的严重干扰,以致超出了系统自我协调恢复的能力,使计划进离港航班秩序、航班时刻结构受到破坏,导致旅客、机场及航空公司无法按照预计时间进行正常生产工作的现象。从宏观角度来看,大面积航班延误是航空运输系统中各子系统相互作用的产物,例如各种航班延误原因与运行中的航班相互作用,而从微观角度上可将航班延误的形成过程看作延误供体和延误受体在孕育环境的影响下通过两者之间的映射方式形成复合作用的结果,延误触发本质要素关系如图 2.1 所示。

由图 2.1 可以看出,供体因子与受体因子相互作用会形成多种映射方式,延误是各因素相互作用而引发的情景之一。因此,可将航班延误事件 $de_h(h=1,2,\cdots)$ 看作由供体因子 $df_i(i=1,2,\cdots)$、受体因子 $rf_j(j=1,2,\cdots)$、映射方式 $m_k(k=1,2,\cdots)$ 和孕育环境 $be_l(l=1,2,\cdots)$ 4 种延误要素联合响应构成的民航运行变异单元。

① 供体因子 $df_i(i=1,2,\cdots)$ 是指触发航班延误的各种因素。它是延误发生的直接原因和驱动力量,也是使受体因子遭到破坏的客观因素。供体因子是孕育环境中的各种异动因子的总称,例如,天气、机械故障等自然异动因子;交通管制、飞机调配等人为异动因子。当供体因子作用于有飞行任务的航班并超过了其自我修复能力时,就会导致延误的发生;若供体因子没有作用于有飞行任务的航班,则供体因子将发生自然变异,例如某空域由于军事活动实施了

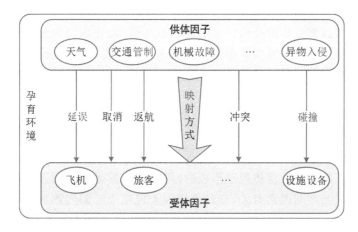

图 2.1　延误触发本质要素关系

流量管制,若某一时段没有航班经过该空域,则流量管制不会对航班运行造成影响;若供体因子作用于有飞行任务的航班,但该航班具备充足的缓冲时间,则将这一类事件称为延误风险事件。

② 受体因子 $rf_j(j=1,2,\cdots)$ 是指受到延误影响的客观事物。它是延误的作用对象,例如飞机、旅客等,这些受体因子在遭受航班延误事件后会对其初始正常行为或规划产生一定的变更。受体因子对延误的抵抗能力和恢复能力决定其延误损失情况。

③ 映射方式 $m_k(k=1,2,\cdots)$ 是指供体因子对受体因子的作用形式,即供体因子在映射方式的作用下对受体因子产生影响,它是供体因子与受体因子之间的直接联系和传动力量。在航班延误事件中,供体因子对受体因子的映射方式是延误。

④ 孕育环境 $be_l(l=1,2,\cdots)$ 是指供体因子和受体因子所处的外部环境,即机场或空域环境。通常情况下,孕育环境中存在许多不确定性因素,对供体因子和受体因子产生直接或间接的影响,使供体因子和受体因子会表现出不同的敏感性。因此,孕育环境的复杂程度、在网络中的重要性和抵御供体因子干扰的能力都对延误的严重程度起着决定性作用,同时对供体因子的危险性起到增强或缓和的作用。

因此,可将延误触发的本质规律描述为延误受体因子在延误供体因子的刺激下产生延误映射关系,进而不能适应或者调节机场或空域等孕育环境中不确定性因素变化的结果。在延误形成和演化过程中,供体因子、受体因子、映射方式和孕育环境缺一不可,可将这 4 种因素统称为延误蔓延过程中的延误要素。在时空效应的综合作用下,4 种因素的交互作用将对延误事件的时空分布和蔓延程度造成不同的影响。在机场或空域等孕育环境的感染下,各种延误供体因子在空间和时间上的耦合和变异会通过延误映射施加到延误受体因子上,使延误的触发过程具有因供体因子激发而形成的动力学机制,延误蔓延表现出逐渐演化的特点。

2.1.2　航班延误蔓延时空因素特征及演化逻辑

延误蔓延暴露了航班状态朝着不利于航班计划运行秩序和预期的方向偏移演绎,使延误的整个过程呈现出一定的延续性。在此过程中,存在时间因素和空间因素彼此耦合、相互渗透,不同时空因素的作用与变迁使延误呈现出或重或轻千变万化的蔓延态势。

1. 延误蔓延的空间因素

延误蔓延的空间因素是指遭受延误影响的区域环境,包含延误触发过程中的各种孕育环境。延误的蔓延伴随着孕育环境的状态变化和关联孕育环境之间的变更,是延误程度及破坏力不断积聚的过程。在孕育环境的感染和变换下,一方面延误蔓延的空间因素为延误规模的扩大提供了条件,并决定了延误的程度和影响范围;另一方面延误供体因子的形成与空间因素状态相关,延误的触发和蔓延也可能影响到空间因素状态,进而为其他同类或异类延误事件提供触发条件。

2. 延误蔓延的时间因素

延误蔓延的时间因素是指供体因子形成的时间、延误发生的时间及延误蔓延的持续时间等。供体因子的形成与时间因素有关,有的供体因子可在短时间内形成,例如机械故障、空军活动、特殊航班插队等;而有的供体因子需要长时间的能量聚集才能触发延误,例如空中交通流量控制、恶劣天气条件、飞机调配、地面保障繁忙等。延误发生是供体因子经过量变到质变最终作用于运行中的航班的过程,延误发生时间的不同,对延误的蔓延也有不同程度的影响,例如,初始延误发生在高峰小时和夜晚造成的延误蔓延程度不尽相同。延误蔓延的持续时间与空间因素的状态有关,例如,在几个 2 000 万级以上机场间连续执行多个航段飞行任务的延误航班和在千万级以下机场间执行一个航段飞行任务的延误航班,其延误蔓延周期、严重程度和影响范围都有着巨大的差异。

此外,延误的延续性还表现出由量变到质变的内涵和外部蔓延关系的演化,可以用某种物质和能量方式表征延误蔓延在时空演化的过程中表现出的阶段性特征。延误蔓延过程伴随物质形态变化,表现为受体因子的单体演绎或多体聚集、耦合和叠加,例如,单一航班的延误串联反映和多航班间的延误并联反映。延误蔓延还伴随能量的积聚、传送和转换,用致延动能表示受体因子受到的延误激发力度,其最终对延误受体因子产生的破坏作用构成了延误蔓延耦合和嵌套的根本原因。由于延误蔓延过程呈现物质和能量的变异状态,其阶段性特征是延误萌芽和波及过程的重要反映,处于不同阶段的延误效应导致的蔓延态势和破坏程度各不相同,延误蔓延阶段划分如表2.1所列。

表 2.1　延误蔓延阶段划分

延误阶段划分	延误阶段特征	延误蔓延程度	蔓延规律反映	防范措施
早期	潜存阶段	延误尚未形成	能量聚集和传输	断链
中期	形成阶段	出现初始延误	物质与能量存储积蓄	防御
晚期	爆发阶段	延误强烈波及	能量迸发与物态信息扩散	治理

延误早期是延误的潜存阶段,延误蔓延的能量尚处于聚集和传输阶段,延误尚未形成。延误中期是延误形成阶段,延误蔓延的物质与能量存储积蓄完成,开始出现初始延误。延误晚期是延误全面爆发阶段,积蓄的能量迅速扩张,产生强烈的延误蔓延势态和大面积延误蔓延。根据延误蔓延的阶段特点,识别、追踪和控制延误的演化进程采用早期"断链"、中期"防御"和晚期"治理"的应对措施,以消除或缓延误蔓延的扩张趋势。在延误蔓延早期,由于延误波及效应的形成比较漫长,可以通过评判孕育环境的蔓延局势,并结合航班衔接性,切断延误的蔓延路径。在延误蔓延中期,由于已形成初始延误,可根据后续即将执行的航班任务和共享资源的航班有针对性地预测延误的趋势,有效监测并评估延误蔓延的破坏作用及蔓延行为,并采取有效

的防御措施。当延误蔓延发展到晚期,延误已在航空运输网络中以航班链为媒介大面积蔓延,需要根据各孕育环境中延误的蔓延态势对延误波及加以治理,此阶段应重点关注延误蔓延链,以延误链为治理切入点,有效控制延误大面积蔓延及延误蔓延造成的损失。

由此可见,延误蔓延是内外部不确定因素相互渗透、物质和能量不断转化导致延误破坏作用逐渐显现的过程,可以从因素的主从、依赖及因果关系中抽象出延误蔓延的演化逻辑,如图 2.2 所示。

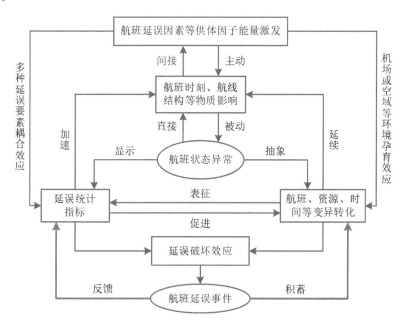

图 2.2　延误蔓延的演化逻辑

2.1.3　基于蔓延触发机理分析的延误累积放大效应

频繁出现的大面积航班延误对旅客、机场、航空公司等多方正常运行造成了巨大影响与冲击。这些不正常航班运行现象往往不是单一延误造成的,也不是几个独立延误事件的简单叠加,而是多个延误事件通过相关联的航班衔接链或资源共享链在时间和空间上的协同、耦合、积蓄以及蔓延而造成的延误累积放大效应。根据航空运输网络中多次大面积航班延误事件,总结出延误蔓延的两个基本特征:一是延误蔓延过程中多个延误事件具有某种相互激发关系,二是延误蔓延在时空上具有持续扩散引发的延误累积放大效应。因此,延误蔓延实际上是延误累积放大效应的形成过程,也是延误供体因子风险性、孕育环境活跃性以及受体因子脆弱性等特征在时空中的交互过程,导致延误蔓延形成的累积放大效应远远大于单一延误造成的影响。此外,延误蔓延的过程还伴随着能量的释放与传递,可以从延误能量流动的角度探索延误蔓延累积放大效应。延误蔓延的能量流动如图 2.3 所示,该图从能量角度揭示了供体因子、映射方式、受体因子和孕育环境在时间和空间上错综复杂的交互关系,动态刻画了延误蔓延的复杂演变规律。

延误蔓延是在供体因子触发能和孕育环境孕育能的释放、耦合、传递、积蓄和反馈下形成的。借鉴文传甲[59]从能量的角度对灾害链形成过程的解释,延误破坏作用可用延误破坏能量

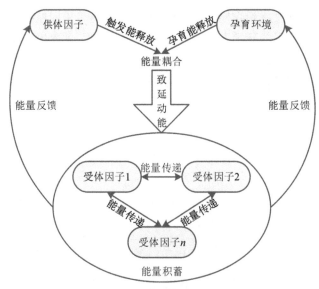

图 2.3 延误蔓延的能量流动

E_{delay} 来衡量，即

$$E_{\text{delay}} = E_{(\text{df,be})} - e_{\text{rf}} \tag{2.1}$$

其中，$E_{(\text{df,be})}$ 表示受体因子实际受到的由供体因子和孕育环境耦合导致延误的能量，即耦合致延动能；e_{rf} 为受体因子抵抗延误的能量或受体因子最大能够承受的导致延误的能量，也称为抵抗延误阈值。

当 $E_{\text{delay}} > 0$ 时，说明供体因子和孕育环境对受体因子产生了延误破坏作用。从式(2.1)中可以看出，在延误破坏能量的时空范围内，实际受到影响的受体因子是其抵抗延误阈值小于供体因子和孕育环境耦合致延动能的那些物质，这是能够触发延误及延误蔓延的充要条件，即延误的发生和蔓延不仅要有供体因子、孕育环境和受体因子，而且受体因子抵抗延误阈值 e_{rf} 必须小于供体因子和孕育环境耦合致延动能 $E_{(\text{df,be})}$。

对于有 $n(n \geqslant 2)$ 层延误的延误蔓延情景，若各层中孕育环境因子、供体因子与受体因子只有一个并且首尾不相接，前一层供体因子不再作用于下一层受体因子，则各层的耦合致延动能 $E_{(\text{df,be})}$ 和延误破坏能量 E_{delay} 的变化系数分别为

$$f_{i+1} = \frac{E_{(\text{df,be})_{i+1}}}{E_{(\text{df,be})_i}}, \quad f'_{i+1} = \frac{E_{\text{delay}_{i+1}}}{E_{\text{delay}_i}}$$

则可以推导出 n 层总耦合致延动能 $\sum_{i=1}^{n} E_{(\text{df,be})_i}$ 和延误破坏总能量 $\sum_{i=1}^{n} E_{\text{delay}_i}$ 相对于首层耦合致延动能 $E_{(\text{df,be})_1}$ 和延误破坏总能量 E_{delay_1} 的放大系数 $F_{(\text{df,be})}$ 和 F_{delay}，分别表示为

$$F_{(\text{df,be})} = 1 + f_2 + f_2 f_3 + \cdots + \prod_{i=2}^{n} f_i \tag{2.2}$$

$$F_{\text{delay}} = 1 + f'_2 + f'_2 f'_3 + \cdots + \prod_{i=2}^{n} f'_i \tag{2.3}$$

延误破坏总能量表示为

$$\sum_{i=1}^{n} E_{\text{delay}_i} = \sum_{i=1}^{n} (E_{(\text{df,be})_i} - e_{\text{rf}_i})$$

由式(2.2)和(2.3)可以看出,$F_{(df,be)}$ 和 F_{delay} 均大于 1,说明延误蔓延破坏作用产生了累积放大,延误蔓延层数 n 越多,累积放大作用越强烈;而减弱延误破坏作用需要减少延误蔓延层数 n,以及 $F_{(df,be)}$ 和 F_{delay}。

对于航空运输网络中复杂的延误蔓延情景,假如有 m 个延误供体因子同时作用于延误受体因子,则其所产生的延误破坏作用和损耗能量为 m 个供体因子致延动能总和。同样,延误供体因子个数 m 越多,延误累积放大作用就会越明显。

因此,航班延误蔓延可以定义为:在某种特定时空条件中,受到孕育环境约束的供体因子触发供体因子链,使得受体因子受到延误映射的刺激,甚至产生更为复杂的反馈作用,在某些特殊情形中会使受体因子进一步转变为供体因子而引发次生、衍生延误,最终发展为航空运输网络中延误累积放大的延误串并发现象。在此过程中,延误逐级累积放大,形成比初始单一延误或几个单一延误简单叠加更为严重的延误蔓延网,延误蔓延累积放大效应示意如图 2.4 所示。

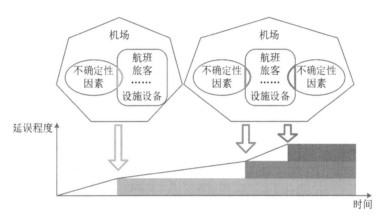

图 2.4　延误蔓延累积放大效应示意图

2.2　航班延误蔓延链的形成机理

2.2.1　航班延误蔓延链的形成机制

由于航班彼此之间的关联关系,航空运输网络中某个初始延误航班会对其他航班的正常运行发挥直接或间接的干扰作用,引起其他与其关联的航班接连发生延误,以航班链为媒介诱发一连串次生延误[60]。根据上节航班延误蔓延机理分析,可将航班延误蔓延链定义为:延误蔓延链是由多种不确定性因素等供体因子导致的耽误航班正常运行计划的一系列延误破坏行为,在此过程中以物质或能量形式描述单一延误或多个延误的形成、交互、传递和转化等相关动态演化,最终形成单一延误在时间和空间上以航班衔接链或资源共享链为媒介传播扩散,并导致或触发多个孕育环境中多级延误事件的相继发生,产生远远大于初始延误影响程度的链式蔓延反应机制。

从以上定义可以看出,延误蔓延链既包含了单一延误的形成过程,也包含了多级延误之间的相互促进及抑制关系。当各个孕育环境内的供体因子作用于航空运输网络系统时,其与航空运输网络中相应或相关联的孕育环境中的受体因子相互作用,且超过了受体延误阈值,并通过延误蔓延链式系统内各延误要素之间的响应关系使延误程度放大,导致航空运输网络的正常运行秩序发生一系列变化,最终促使航空运输网络中延误蔓延链的形成。此外,由于航班关联效应和航班之间资源共享,延误蔓延链呈现出多级连锁性,其共性特征是供体因子和受体因子在孕育环境感染下的延误映射作用,并在延误作用下产生 3 种结果:一是初始供体因子发生变化,例如,天气条件由恶劣转变为良好、空中交通流量由拥堵转变为畅通等;二是初始受体因子发生变化,例如,航班延误、设施设备故障等;三是产生新的供体因子并作用于后续相关联的受体因子,导致新的次生、衍生延误,从而形成延误蔓延链,例如,某一机场中航班 A 受到天气影响发生离港延误,由于其不能按照航班计划正常离港而长时间占用停机位,导致后续使用该停机位的进港航班 B 不能按照计划时间进港而产生次生进港延误。延误蔓延链的形成机制如图 2.5 所示,一个受体因子可能受到一个或多个供体因子延误映射的影响,一个供体因子也可能同时对一个或多个供体因子产生延误映射。当初始延误形成后,受体因子会产生被激活和未被激活两种状态。一般而言,未被激活的受体因子将会终止于上一级延误,只有被激活的受体因子才会形成新的供体因子,通过新延误映射演化成次生、衍生延误。在实际情况中,这种映射往往是动态响应的,延误映射的数量会随着延误形势的不断蔓延而不断变化,而且未被激活的受体因子也可能会随着被激活的受体因子的不断演化而再次被激活,使航空运输网络中不断有新的供体因子加入到延误演化中,从而不断改变网络的延误能量活跃性,最终聚集为跨越多个孕育环境的具有多级延误映射的航班延误蔓延链。

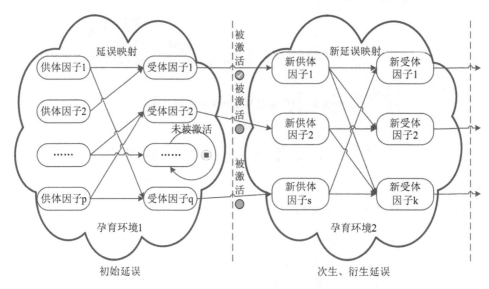

图 2.5 延误蔓延链的形成机制

通过分析实际运行中频繁发生的各种航班延误事件及其内在联系,可归纳出如图 2.6 所示的航班延误蔓延链。

从图 2.6 中可以看出,延误会导致一连串次生事件并产生更加恶劣的后果,而这些后果又会反过来成为新的延误供体因子进一步从不同方面促成下一级延误映射,形成恶性循环,体现出一种延误恶性蔓延关系链,图 2.6 中红色箭头表示由延误反馈作用而形成的恶性循环。

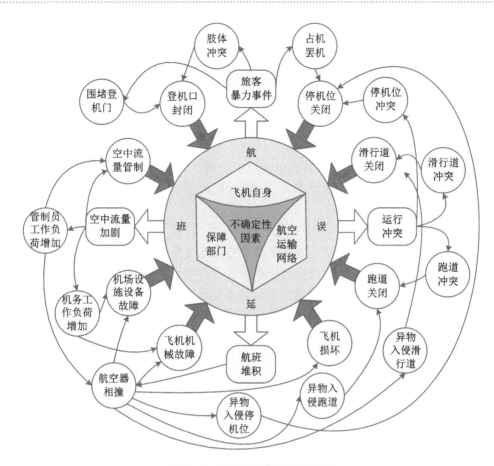

图 2.6　航班延误蔓延链示意图

2.2.2　航班延误蔓延链的特点及链式反应构型

航班延误蔓延链是在孕育环境的感染下破坏航班正常运行生产的延误动态发展变异过程,具有延误内部响应链发效应和对外延误破坏作用的连锁反应特性,即延误蔓延链式效应。在时空因素的综合影响下,延误蔓延链是在延误周期内多种变化复合叠加的连锁反应过程,其复杂动态演化关系是外部不确定性因素和自身内部结构关系改变等多方面因素共同影响的结果。按照不同航班延误事件之间形成的连锁反应特征,可将延误蔓延链式效应划分为单一延误的链式效应和多级延误耦合的链式效应。单一延误的链式效应指一种延误事件在航空运输网络中触发的一系列连锁反应,例如,某机场受到延误影响的航班引发的航空运输网络中几个与此航班相关联的后续机场航班的接连延误。多级延误耦合的链式效应指不同延误事件间的连锁反应,区别在于不同类型的延误事件及延误次生、衍生事件之间的相互耦合并相互促进的触发关系,这种延误蔓延链中的上下级事件是不同类型的,例如,航班延误引发了旅客暴力事件和航班保障能力超负荷,而旅客暴力事件又进一步危及相邻登机口航班的正常进离港,航班保障能力超负荷又进一步影响其他航班的正常保障,从而使延误蔓延链引发更多的航班延误事件。此外,在延误蔓延链中的各级延误破坏效应通过物质和能量加以释放时,会导致延误蔓延事件的不同程度后果,进而间接决定了延误蔓延链的链式反应构型,主要有点状、沿线状、辐射状、汇聚状、循环状 5 种链式反应构型。

1. 点 状

点状延误蔓延链指延误蔓延链中供体因子在延误映射的影响下只作用于某一受体因子。如图 2.7 所示，随着时间序列的推动，t_1 时刻供体因子 df_1 在激活作用下以延误 m_1 映射至受体因子 rf_1，形成一级延误链式单元 CH_{u1}，延误链式单元内部的有向边代表供体因子触发

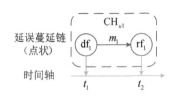

图 2.7 点状延误蔓延链式演化逻辑

受体因子的响应行为，同时代表延误链式单元内子要素之间的逻辑结构和能量传递方向。例如，对初始延误事件，若此事件中的受体因子随着时间的推演未能再次被激活，则延误破坏效应将终止于此。

2. 沿线状

沿线状延误蔓延链指延误蔓延沿着一定的方向或路线流动扩散，呈线状直链形式，链中上下级延误链式单元之间的延误激活反应传播状态表现为单向串联诱发方式。如图 2.8 所示，随着时间序列的推动，在 $t_1 \sim t_2$ 时刻，首级延误链式单元 CH_{u1} 在供体因子和受体因子的相互作用下形成整个延误蔓延链演化的驱动因素，当在延误链式单元 CH_{u1} 发生结束后，CH_{u1} 内受体因子 rf_1 在 $t_2 \sim t_3$ 时刻满足激活反应传播条件 $act_{1,2}$，在 t_3 时刻演化成新的供体因子 df_2，成为下级延误链式单元 CH_{u2} 形成的先决条件。以此类推，从初始延误链式单元向次生、衍生延误逐渐蔓延，最终演化至 n 级延误链式单元 CH_{un}。在图 2.8 中，激活反应 $act_{1,2}$、$act_{2,3}$、$\cdots$、$act_{n-1,n}$ 对应的有向边表示上一级延误链式单元中受体因子被激活成为下一级延误链式单元供体因子的行为响应关系，沿线状延误蔓延链通过延误链式单元之间的因子激活反应以直链式延续，直到某一级延误链式单元中的受体因子不再被激活为新的供体因子，此时沿线状延误蔓延链将不再向下蔓延。

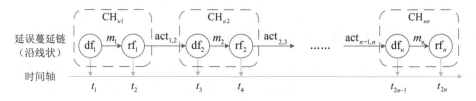

图 2.8 沿线状延误蔓延链式演化逻辑

3. 辐射状

辐射状延误蔓延链指延误链式单元中的受体因子同时满足多个激活反应，以能量辐射的形式被激活成为多个新的供体因子，每个新供体因子再以延误映射的方式作用于新的受体因子，蔓延为下一级次生延误链式单元，上下级延误链式单元之间的能量释放过程根据时间序列呈并联触发的关系。如图 2.9 所示，在首级延误链式单元 CH_{u1} 的触发下，CH_{u1} 中受体因子 rf_1 满足多个激活反应条件 $act_{1,2}$、$act_{1,3}$、$\cdots$、$act_{1,n-1}$、$act_{1,n}$，分别演变成多个新的供体因子 df_2、df_3、$\cdots$、df_{n-1}、df_n，进而随着时间轴的推进并联引发多个次生延误链式单元 CH_{u2}、CH_{u3}、$\cdots$、CH_{un-1}、CH_{un}。因此，辐射状延误蔓延链不仅反映了延误传播过程中多种次生延误事件的同源性，也体现了延误蔓延链内部链式单元之间的并联响应结构和延误破坏作用的多方向辐射传播过程。辐射状延误蔓延链的首级延误链式单元中受体因子因长时间占用某些共享资源，导致同时触发多个激活反应，形成发散式的延误并发传播。

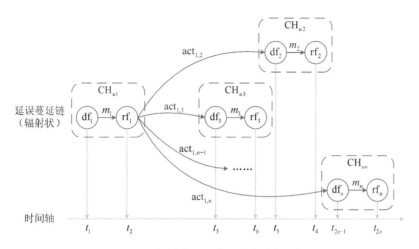

图 2.9 辐射状延误蔓延链式演化逻辑

4. 汇聚状

汇聚状延误蔓延链指几个延误链式单元中的受体因子满足被激活为同一个新供体因子的反应条件,使延误蔓延向同一个次生延误事件汇聚。如图 2.10 所示,在时间序列的共同影响下,延误链式单元 CH_{u1}、CH_{u2}、$\cdots$、CH_{un-1}、CH_{un} 内部相应的受体因子根据激活反应条件 $act_{1,n1}$、$act_{2,n1}$、$\cdots$、$act_{n-1,n1}$、$act_{n,n1}$,演化为同一新的供体因子 df_{n1},进而在延误 m_{n1} 的映射下形成次生延误链式单元 CH_{un1}。

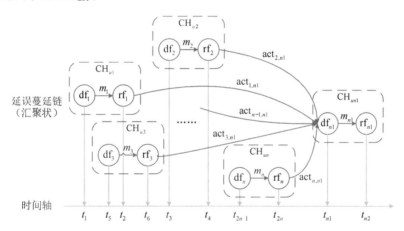

图 2.10 汇聚状延误蔓延链式演化逻辑

汇聚状延误蔓延链与辐射状延误蔓延链的区别在于:

① 延误链式单元 CH_{un1} 是由多个延误链式单元引发的,具有延误蔓延的多源性特征,激活任意一个上级延误链式单元 CH_{u1}、CH_{u2}、$\cdots$、CH_{un} 中的受体因子都会引发次生延误链式单元 CH_{un1} 的发生。

② 在上一级多源延误链式单元的能量汇集作用下,次生延误链式单元 CH_{un1} 的延误程度逐渐增加,其所产生的延误破坏能量也将随着有向边激活反应条件的满足而剧烈增长。

5. 循环状

循环状延误蔓延链与沿线状延误蔓延链类似,区别在于每一级延误蔓延单元中的受体因子都会满足一定的激活反应条件,不断作用于下一级延误链式单元的供体因子,形成多级延误蔓延循环式反作用。如图2.11所示,循环状延误蔓延链体现了延误传播过程中对初始延误的反馈作用,当次生、衍生延误反馈于初始延误时,将在新的时间序列$t'_1 \sim t'_{n+2}$形成以比首级延误链式单元在首次蔓延时更为强烈的延误破坏作用。

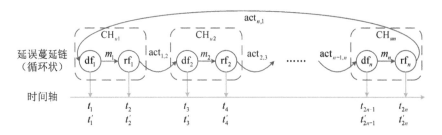

图 2.11　循环状延误蔓延链式演化逻辑

　　以上5种延误蔓延链式反应构型从物质转化和能量释放的角度反映了延误蔓延从形成到消散的演化时间关联关系。由于航空运输网络的复杂性与航班计划中航班之间的关联性,网络中延误活性不断变化,所以实际航班运行中的各种延误蔓延链式连锁反应构型多种多样。上述延误蔓延基本链将在发展演化中动态耦合和交叉演绎,形成跨越多个孕育环境的具有多级延误映射的航班延误蔓延链,并进一步聚集为多种延误要素密切联系的延误蔓延链式系统。

2.3　航班延误蔓延链式关系结构及其数学表征形式

2.3.1　航班延误蔓延的链式关系结构

　　从延误链式关系入手,构建延误蔓延的链式结构模型来反映延误链复杂性规律,是把握延误动力学演化机理的关键。尽管航空运输网络中的延误波及演化表现出不同的变异过程和规律,但其在结构特征上的变化却显现出相似性。通过分析航空运输网络中延误运动本质及复杂性规律,延误蔓延呈现出以外部不确定性因素为源头驱动,进而触发航空运输系统内部航班状态变化和对外波及行为的一系列复杂连锁响应链式行为过程。因此,可将延误蔓延演化过程抽象为延误环节在孕育环境中外部不确定性因素E_{ex}作用影响下其内部结构关系变化$R_{CH}^{e_i, e_j}$、状态反应(存在状态ES^{D^h}和响应状态RS^{D^h})和延误蔓延的对外破坏作用过程P_D这几方面的复杂运动规律,并由一系列延误环节构成航空运输网络延误蔓延链式系统。延误蔓延的链式结构特征示意如图2.12所示。

　　由图2.12可以看出,延误蔓延的链式关系结构包括延误孕育环境中外部不确定性因素E_{ex}、若干个延误环节D和延误蔓延的对外破坏作用P_D,孕育环境外部不确定性因素E_{ex}对第h个延误环节$D_n^h (n=1,2,\cdots)$的作用关系用$R_{E_{ex}}$表示。因此,延误蔓延链可表示为如下形式

$$GD(m) = \{D_n^h, E_{ex}, R_{E_{ex}}, P_D\} \tag{2.4}$$

其中,$GD(m)$表示航空运输网络延误蔓延链式系统,m表示该系统中有m个延误环节。

　　延误蔓延链式系统中的延误环节是带有某种特定属性的整体,例如航空运输网络中各个机场,该整体也是延误蔓延链式系统内各种延误要素的集合,并与外界环境不断进行着物质、

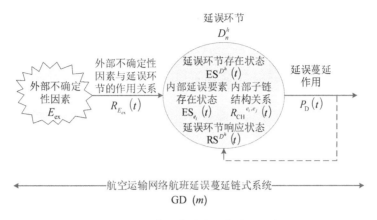

图 2.12　延误蔓延的链式结构特征示意图

能量的传递和转换。延误蔓延链式系统中任何一个延误环节都包含若干个相互联系的子部分,即系统内第 h 个延误环节 D_n^h 是由 n 个相互关联的延误链式单元 $\mathrm{CH}_{un}^{D^h}$ 组成的记为

$$D_n^h = \{\mathrm{CH}_{u1}^{D^h}, \mathrm{CH}_{u2}^{D^h}, \cdots, \mathrm{CH}_{un}^{D^h}\}$$

其中,第 s 个延误链式单元 $\mathrm{CH}_{us}^{D^h}(g)$ 表示为

$$\mathrm{CH}_{us}^{D^h}(g) = \{e_{s,i}^{D^h} \mid i = 1, 2, \cdots, g\,; g \geqslant 2\}$$

其中,g 表示第 s 个延误链式单元 $\mathrm{CH}_{us}^{D^h}$ 中延误要素 e 的个数。一般来说,延误环节都是以某种客观状态的形式存在的,第 h 个延误环节的存在状态 ES^{D^h} 可以用内部延误要素的存在状态表示,令各延误要素存在状态的集合为延误环节的存在状态 ES^{D^h},即

$$\mathrm{ES}^{D^h} = \{\mathrm{ES}_{e_1^{D^h}}, \mathrm{ES}_{e_2^{D^h}}, \cdots, \mathrm{ES}_{e_g^{D^h}}\} \tag{2.5}$$

其中,

$$\mathrm{ES}_{e_i^{D^h}} \in \mathrm{SS} = \{\mathrm{ss}_1, \mathrm{ss}_2, \cdots, \mathrm{ss}_r\} \quad (i = 1, 2, \cdots, g)$$

$\mathrm{ES}_{e_i^{D^h}}$ 为第 h 个延误环节 D_n^h 中第 i 个延误要素 $e_i^{D^h}$ 的存在状态,SS 为状态空间的集合,r 为状态空间中的状态种类个数。

在 t 时刻,延误环节 D_n^h 中第 i 个延误要素的存在状态 $\mathrm{ES}_{e_i^{D^h}}$ 在孕育环境不确定性因素的作用下将会发生改变,即发生激活反应或激活程度变化,这些发生改变的延误要素存在的状态集合称为延误环节的响应状态 RS^{D^h},其是孕育环境不确定性因素和延误环节存在状态的函数,可表示为

$$\mathrm{RS}^{D^h} = F_{\mathrm{R}}(S_{E_{\mathrm{ex}}}, R_{E_{\mathrm{ex}}}(t), \mathrm{ES}^{D^h}) \tag{2.6}$$

其中,$S_{E_{\mathrm{ex}}}$ 表示延误环节 D_n^h 所在孕育环境中不确定性因素状态集合,$R_{E_{\mathrm{ex}}}$ 表示孕育环境中不确定性因素与延误环节的作用关系。

与此同时,延误环节还会对本孕育环境和其他延误环节产生延误蔓延作用 P_{D},例如,延误导致空中交通流量加剧。因此,延误蔓延作用 P_{D} 是延误环节存在状态和孕育环境中不确定性因素与延误环节作用关系 $R_{E_{\mathrm{ex}}}$ 的函数,可表示为

$$P_{\mathrm{D}} = F_{\mathrm{PD}}(R_{E_{\mathrm{ex}}}, \mathrm{ES}^{D^h}) \tag{2.7}$$

航班延误蔓延的链式关系结构描述了延误环节在孕育环境不确定性因素作用下发生响应行为后,反作用于孕育环境或航空运输网络延误蔓延链式系统中其他延误环节的过程,反映了延误的双向扩散属性,即由延误波及效应和复杂反馈作用构成的延误蔓延作用机制。

2.3.2 延误环节内部延误要素响应关系

航空运输网络延误蔓延链式系统中的延误环节不仅在与孕育环境交互时发生响应状态变化,而且在延误环节内部各延误要素构成延误蔓延子链过程中的状态交互时也存在各种各样的链式响应关系,例如,直线式链式关系和耦合式环式关系。在孕育环境中不确定性因素 E_{ex} 的作用下,t 时刻延误环节内部各延误要素之间的直线式关联关系用 $R_{CH}^{e_i,e_j}(t)$ 表示,即延误要素 e_i 在关联因子 $R_{CH}^{e_i,e_j}(t)$ 的作用下对 e_j 产生延误响应行为,如图 2.13 所示,则任意两个延误要素 e_i 和 e_j 之间存在的关系可表示为

$$f(ES_{e_i}(t), R_{CH}^{e_i,e_j}(t), ES_{e_j}(t)) = 0 \qquad (2.8)$$

其中,$ES_{e_i}(t)$ 和 $ES_{e_j}(t)$ 分别为 t 时刻延误要素 e_i 和 e_j 的存在状态。在具体延误事件中,式(2.8)取决于延误要素 e_i 和 e_j 交互时的客观规律,体现了各延误要素存在状态和响应状态之间的关联关系,由延误要素 e_i 和 e_j 的属性决定。

将 t 时刻延误环节内部各延误要素之间的所有直线式链式关系 $R_{CH}^{e_i,e_j}(t)$ 的集合表示为 R_{CH},称为延误环节内部响应关系,即

$$R_{CH} = \{R_{CH}^{e_i,e_j}(t) \mid i \neq j; i,j \leqslant g; g \geqslant 2\} \qquad (2.9)$$

延误环节中的多种作用形式组合构成了内部响应关系的耦合。此外,孕育环境中不确定性因素与延误环节内部的延误要素发生响应行为时也会产生多种因素之间的耦合,在延误要素关联关系的作用下组成延误环节内部的延误蔓延子链,可将航空运输网络延误蔓延链式系统中延误要素之间相互触发的链式过程的本质抽象为如图 2.14 所示的形式。假设 t 时刻第 h 个延误环节 D_n^h 有 g 个延误要素,即

$$D_n^h = \{e_1^{D^h}, e_2^{D^h}, \cdots, e_g^{D^h}\}, \quad g \geqslant 2$$

在孕育环境不确定性因素 E_{ex} 的作用下,并非任何一个延误要素 $e_{p\_i}^{D^h}(i=1,2,\cdots,l;0 \leqslant l < g)$ 都与孕育环境 E_{ex} 存在响应关系,即图 2.14 中的外链 L_{ex},但至少有一部分延误要素 $e_{q\_j}^{D^h} \in D_n^h$ $(j \neq i; l < j \leqslant g)$,使得 $e_{p\_i}^{D^h}$ 与 $e_{q\_j}^{D^h}$ 之间存在响应关系,即图 2.14 中的内链 L_{in}。

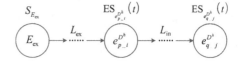

图 2.13　延误环节内部延误
要素直线式链式响应关系

图 2.14　延误要素触发的
链式过程本质

此外,延误环节中的延误蔓延子链响应关系不仅表现为各延误要素之间的直线式链式关系,还呈现出由几条直线式链式关系耦合形成的环式响应关系,如图 2.15 所示。

在图 2.15(a)中,孕育环境不确定性因素参与延误蔓延子链的形成,由延误环节中的延误要素和孕育环境中的不确定性因素共同构成的延误蔓延子链,称为耦合式延误关系外环,即

$$L_{\mathrm{ex}}(k) = \{R_{\mathrm{CH}}^{e_{p\_i-1}, e_{p\_i}}(t) \mid i = 1, 2, \cdots, k; k \geqslant 2; E_{\mathrm{ex}} = e_{p\_k}\}$$

耦合式延误关系外环是延误环节与孕育环境交互形成的关系结构。

在图 2.15(b)中,全部由延误环节中的延误要素构成的延误蔓延子链,称为耦合式延误关系内环,即

$$L_{\mathrm{in}}(k) = \{R_{\mathrm{CH}}^{e_{q\_d+i-1}, e_{q\_d+i}}(t) \mid i = 1, 2, \cdots, k; k \geqslant 2; e_{q\_d} = e_{q\_d+k}\}$$

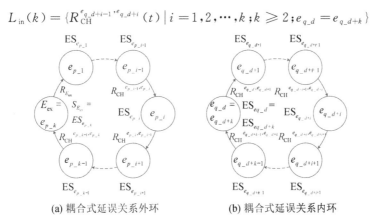

(a) 耦合式延误关系外环　　　　(b) 耦合式延误关系内环

图 2.15　延误环节内部耦合式延误关系环示意图

由于耦合式延误关系环的存在,延误环节内部响应关系可以无限地循环演化发展,出现复杂的动态延误蔓延效应。

2.3.3　延误环节系统结构模式

分析延误环节系统结构模式是从系统的角度将航空运输网络延误蔓延链式系统中的变量划分为输入变量、状态变量和输出变量。输入变量是孕育环境对延误环节施加的作用,即 $R_{E_{\mathrm{ex}}}$ 的量值;状态变量是描述延误环节存在状态的量,即 ES^{D^h} 的量值;输出变量是延误环节表现出的对外延误蔓延作用的量,即 P_{D} 的量值。在 t 时刻,延误环节的状态变量取决于延误环节内部响应关系的变化。

对于由延误要素和孕育环境中不确定性因素 E_{ex} 共同构成延误蔓延子链,如图 2.15(a)所示。根据式(2.8),孕育环境中的不确定性因素 E_{ex} 与延误要素 $e_{p\_i}(i = 1, 2, \cdots, l; 0 \leqslant l < g)$ 关系可表示为

$$\begin{cases} f_1(S_{E_{\mathrm{ex}}}, R_{E_{\mathrm{ex}}}, \mathrm{ES}_{e_{p\_1}}) = 0 \\ f_2(\mathrm{ES}_{e_{p\_1}}, R_{\mathrm{CH}}^{e_{p\_1}, e_{p\_2}}, \mathrm{ES}_{e_{p\_2}}) = 0 \\ \quad\quad \vdots \\ f_i(\mathrm{ES}_{e_{p\_i-1}}, R_{\mathrm{CH}}^{e_{p\_i-1}, e_{p\_i}}, \mathrm{ES}_{e_{p\_i}}) = 0 \\ f_k(\mathrm{ES}_{e_{p\_k-1}}, R_{\mathrm{CH}}^{e_{p\_k-1}, e_{p\_k}}, \mathrm{ES}_{e_{p\_k}}) = 0 (k \geqslant 2) \end{cases} \tag{2.10}$$

由式(2.10)可得

$$\mathrm{ES}_{e_p} = \varphi_{e_p}(S_{E_{\mathrm{ex}}}, R_{E_{\mathrm{ex}}}, \{R_{\mathrm{CH}}^{e_{p\_i-1}, e_{p\_i}} \mid i = 2, 3, \cdots, k\}) \tag{2.11}$$

又由于 $\{R_{\mathrm{CH}}^{e_{p\_i-1}, e_{p\_i}} \mid i = 2, 3, \cdots, k\} \in R_{\mathrm{CH}}$,则有

$$\mathrm{ES}_{e_p} = \varphi_{e_p}(S_{E_{\mathrm{ex}}}, R_{E_{\mathrm{ex}}}, R_{\mathrm{CH}}) \quad (\mathrm{ES}_{e_p} \in \mathrm{ES}_{e_{p\_i}}, i = 1, 2, \cdots, l; 0 \leqslant l < g) \tag{2.12}$$

对于全部由延误环节中的延误要素构成的延误蔓延子链,如图 2.15(b)所示,根据式(2.8),延误要素 $e_{p\_i}(i=1,2,\cdots,l;0\leqslant l<g)$ 与延误要素 $e_{q\_j}(j\neq i;l<j\leqslant g)$ 有

$$\begin{cases} f_1(\mathrm{ES}_{e_{q\_d}},R_{\mathrm{CH}}^{e_{q\_d},e_{q\_d+1}},\mathrm{ES}_{e_{q\_d+1}})=0 \\ f_2(\mathrm{ES}_{e_{q\_d+1}},R_{\mathrm{CH}}^{e_{q\_d+1},e_{q\_d+2}},\mathrm{ES}_{e_{q\_d+2}})=0 \\ \qquad\qquad\vdots \\ f_i(\mathrm{ES}_{e_{q\_d+i-1}},R_{\mathrm{CH}}^{e_{q\_d+i-1},e_{q\_d+i}},\mathrm{ES}_{e_{q\_d+i}})=0 \\ f_k(\mathrm{ES}_{e_{q\_d+k-1}},R_{\mathrm{CH}}^{e_{q\_d+k-1},e_{q\_d+k}},\mathrm{ES}_{e_{q\_d+k}})=0(k\geqslant 2) \end{cases} \tag{2.13}$$

由式(2.13)可得

$$\mathrm{ES}_{e_q}=\varphi_{e_q}(\{R_{\mathrm{CH}}^{e_{q\_d+i-1},e_{q\_d+i}}\mid i=2,3,\cdots,k\},\mathrm{ES}_{e_{q\_d+k}}) \tag{2.14}$$

又由于 $\{R_{\mathrm{CH}}^{e_{q\_d+i-1},e_{q\_d+i}}\mid i=2,3,\cdots,k\}\in R_{\mathrm{CH}}$,则有

$$\mathrm{ES}_{e_q}=\varphi_{e_q}(R_{\mathrm{CH}},\mathrm{ES}_{e_{q\_d+k}}) \quad (\mathrm{ES}_{e_q}\in \mathrm{ES}_{e_{q\_j}},l<j\leqslant g) \tag{2.15}$$

由式(2.12)和式(2.15)可得

$$\mathrm{ES}_{e_q}=\varphi_{e_q}(S_{E_{\mathrm{ex}}},R_{E_{\mathrm{ex}}},R_{\mathrm{CH}}) \quad (\mathrm{ES}_{e_q}\in \mathrm{ES}_{e_{q\_j}},l<j\leqslant g) \tag{2.16}$$

由式(2.12)和式(2.16)有

$$\mathrm{ES}^{D^h}=F_{\mathrm{D}}(S_{E_{\mathrm{ex}}},R_{E_{\mathrm{ex}}},R_{\mathrm{CH}}) \tag{2.17}$$

再由式(2.6)可得

$$\mathrm{RS}^{D^h}=F_{\mathrm{R}}(S_{E_{\mathrm{ex}}},R_{E_{\mathrm{ex}}}(t),R_{\mathrm{CH}}) \tag{2.18}$$

依据系统理论观点,存在一个包括延误环节和孕育环境的更大系统,即航空运输网络延误蔓延链式系统,延误环节和孕育环境是该大系统的两个子系统。因此,总存在如下关系式

$$f(S_{E_{\mathrm{ex}}},R_{E_{\mathrm{ex}}},\mathrm{ES}^{D^h})=f(S_{E_{\mathrm{ex}}},R_{E_{\mathrm{ex}}},\mathrm{RS}^{D^h})=0 \tag{2.19}$$

结合式(2.18),可得

$$\begin{cases} \Phi_1(S_{E_{\mathrm{ex}}},R_{E_{\mathrm{ex}}}(t),R_{\mathrm{CH}}(t))=0 \\ \Phi_2(S_{E_{\mathrm{ex}}},R_{\mathrm{CH}}(t),\mathrm{RS}^{D^h}(t))=0 \\ \Phi_2(R_{E_{\mathrm{ex}}},R_{\mathrm{CH}}(t),\mathrm{RS}^{D^h}(t))=0 \end{cases} \tag{2.20}$$

由式(2.6)、式(2.7)和式(2.19)有

$$P_{\mathrm{D}}=F_{\mathrm{PD}}(S_{E_{\mathrm{ex}}},\mathrm{RS}^{D^h}) \tag{2.21}$$

或

$$P_{\mathrm{D}}=F_{\mathrm{PD}}(R_{E_{\mathrm{ex}}},\mathrm{RS}^{D^h}) \tag{2.22}$$

进而,由式(2.17)、式(2.21)和式(2.22)可得

$$\Phi_3(S_{E_{\mathrm{ex}}},R_{\mathrm{CH}}(t),P_{\mathrm{D}}(t))=0 \tag{2.23}$$

或

$$\Phi_3(R_{E_{\mathrm{ex}}},R_{\mathrm{CH}}(t),P_{\mathrm{D}}(t))=0 \tag{2.24}$$

因此,在孕育环境不确定性因素 E_{ex} 的作用下,t 时刻延误环节的内部响应关系 $R_{\mathrm{CH}}(t)$ 和延误蔓延作用 $P_{\mathrm{D}}(t)$ 具有一定的交互关系,根据式(2.20)、式(2.23)和式(2.24)可以得出延误环节系统结构模式变化关系的数学表征模型为

$$\begin{cases} \Phi_1(S_{E_{\mathrm{ex}}}(t),R_{E_{\mathrm{ex}}}(t),R_{\mathrm{CH}}(t))=0 \\ \Phi_2(S_{E_{\mathrm{ex}}}(t),R_{\mathrm{CH}}(t),\mathrm{RS}^{D^h}(t))=0 \\ \Phi_3(S_{E_{\mathrm{ex}}}(t),R_{\mathrm{CH}}(t),P_{\mathrm{D}}(t))=0 \end{cases} \tag{2.25}$$

或

$$\begin{cases} \Phi_1(S_{E_{ex}}(t), R_{E_{ex}}(t), R_{CH}(t)) = 0 \\ \Phi_2(R_{E_{ex}}(t), R_{CH}(t), RS^{D^h}(t)) = 0 \\ \Phi_3(R_{E_{ex}}(t), R_{CH}(t), P_D(t)) = 0 \end{cases} \tag{2.26}$$

该模型体现了延误环节在孕育环境感染下形成响应机制的关系结构。在孕育环境不确定性因素 E_{ex} 的感染下，t 时刻延误环节 D_n^h 的响应状态 $RS^{D^h}(t)$ 和延误蔓延作用 $P_D(t)$ 都是延误环节的孕育环境 E_{ex} 和内部响应关系 $R_{CH}(t)$ 的函数，延误环节系统响应结构模式变化关系的数学表征模型为式(2.25)。此外，有一些延误环节的响应机制是孕育环境与延误要素的触发关系 $R_{E_{ex}}(t)$ 和延误环节内部响应关系 $R_{CH}(t)$ 的函数，这种延误环节系统响应结构模式变化关系的数学表征模型为式(2.26)。

本章小结

延误蔓延机理及链式演化行为规律是探究延误在航空运输网络中动态扩散的基础。本章运用系统理论的观点，从微观角度以延误蔓延的本质规律为出发点，分析了延误蔓延触发机理和累积放大效应；引入延误蔓延链的概念，根据延误蔓延链的多级连锁性，将受体因子激活状态的动态演化作为次生、衍生延误的触发条件，描述了延误蔓延链的形成机制，总结出实际运行中频繁发生的航班延误蔓延链式现象；根据延误响应的链发式效应和动态发展变异过程，归纳出基于时空维度的延误蔓延链式反应构型，并从物质转化和能量释放的角度反映延误蔓延从形成到消散的演化时间关联关系；通过建立延误蔓延链式关系结构，发掘延误双向扩散属性和复杂反馈作用，深入分析了延误环节内部延误要素的动态响应行为关系和结构特征，对延误环节系统结构模式进行形式化表达并建立数学表征模型。

第 3 章 基于蔓延动力学的航空运输网络航班动态级联延误波及

大面积航班延误可以看作航空运输领域的灾难,蔓延动力学旨在探索航空运输网络中航班延误蔓延过程的作用机制,并动态模拟延误链式波及行为。本章从动力学演化的角度出发,将延误要素演化看作航班延误蔓延深层触发机制,构建航班延误双层耦合交互蔓延网络,以被激活的延误要素作为航班延误双层耦合交互蔓延网络沟通的桥梁,并成为顶层航班状态演化网络中航班状态变化的触发源头,在此基础上,建立底层延误要素演化网络中延误要素链式耦合蔓延动力学模型和航空运输"机场–航班–资源"网络中航班状态动态级联延误蔓延动力学模型,从而刻画航班动态级联延误在航空运输"机场–航班–资源"网络中的蔓延机理和扩散趋势,为航空运输网络中航班延误波及提供新的理论参考。

3.1 航空运输网络中航班延误蔓延的动力学演化原理

3.1.1 航班延误蔓延链式系统动力学特征分析

航空运输网络航班延误蔓延链式系统是一个有层次、分区域并且可以发生相互促进、制约和反馈的多级动态系统,它由多个区域内的一系列具有层次级别的延误蔓延链构成,这些延误蔓延链的链式结构特征、激活反应方式、运动状态、动力行为和演化过程都与彼此及所处孕育环境密切相关。因此,可将航班延误蔓延链式系统描述为在延误映射下由供体因子集、受体因子集和孕育环境集共同组成的、并由多种延误蔓延链演化而成的航空运输变异系统,航班延误事件是该系统中各延误要素相互交融的产物,如图 3.1 所示。延误供体因子的形成打破了航空运输网络正常运行的初始应力平衡状态,为延误蔓延的触发和演化提供了不可或缺的先决条件,系统内延误要素之间的聚集、交互和耦合形成多重反馈式蔓延结构,在此过程中,延误事件在航空运输网络中不断放大、延伸联合为延误蔓延链,并逐渐扩展为多向输入、多向输出、多因素干扰、多时空变化的航班动态延误蔓延链式系统,该系统的形成和扩张过程将诱发航空运输网络处于失稳状态。

从图 3.1 可以看出,航班延误蔓延链式系统具有明显的动力学特征,可分为 3 个因素交互层:

① 用绿色连接线表示的延误激发层。孕育环境孕育供体因子,是延误形成的动力和供给条件。供体因子作用于受体因子,并在孕育环境的感染下使受体因子的脆弱性加以凸显,在此基础上,供体因子和受体因子的发展状态又进一步加强或削弱孕育环境的影响作用。

② 用蓝色连接线表示的延误形成层。在延误发生、蔓延及系统形成过程中,供体因子是延误事件触发的充分条件,受体因子是放大或缩小延误事件的必要条件,孕育环境是扰动供体因子和受体因子的背景条件,延误事件是在这 3 个因素集的综合作用下形成的。

③ 用红色连接线表示的延误反馈层。延误事件的形成成为整个航空运输系统中的异动

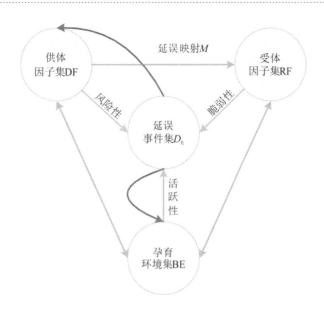

图 3.1 航班延误蔓延链式系统的动力学演化过程

因子,延误事件从量变到质变的过程对供体因子的风险性和孕育环境的活跃性产生反馈作用,促使延误链逐渐演化扩大为航班延误蔓延链式系统。因此,航班延误蔓延链式系统 GD 也可以表示为

$$GD = \langle D_E, DF, RF, M, BE \rangle \tag{3.1}$$

其中,D_E 表示航班延误蔓延链式系统内各延误事件 de_h ($h = 1, 2, \cdots$) 的集合,$D_E = \{de_1, de_2, \cdots, de_h\}$;DF 表示供体因子 df_i ($i = 1, 2, \cdots$) 的集合,$DF = \{df_1, df_2, \cdots, df_i\}$;RF 表示受体因子 rf_j ($j = 1, 2, \cdots$) 的集合,$RF = \{rf_1, rf_2, \cdots, rf_j\}$;$M$ 表示映射方式 m_k ($k = 1, 2, \cdots$) 的集合,$M = \{m_1, m_2, \cdots, m_k\}$;BE 表示孕育环境 be_l ($l = 1, 2, \cdots$) 的集合,$BE = \{be_1, be_2, \cdots, be_l\}$。

　　航班延误蔓延链式系统具有由于突变驱动因子形成的动力学机制,也有由于渐变反应因子演化的蔓延机制,其多重反馈式环状结构使系统呈现非线性的动态扩散行为,表现出以下 4 个基本特征。

　　(1) 动态性

　　航班延误蔓延链式系统的形成和发展是航空运输过程中供体因子、受体因子和孕育环境之间多因素交互运动,并伴随着物质交换和能量流动的变化过程,随着时空效应的不断演化,系统本身和系统内部各延误蔓延子链都表现出航班延误蔓延链式系统动态性特征,例如,航班在机场间的飞行运动、进离港航班的数量及状态变化、旅客的流动等。

　　(2) 耦合性

　　航班延误蔓延链式系统的耦合性表现为系统内部因素的相互影响和相互作用,形成相互关联的耦合因素,并在耦合因素相互作用过程中发生延误程度和延误性质的改变。航班延误蔓延链式系统的耦合性还表示了系统内部因素之间的依赖关系,因素之间联系越大,其耦合性越强,独立性越差;同时反映了系统内部不同链级、不同孕育环境之间因素相互独立、相互叠加、相互削弱后引发延误程度变化或诱发新延误产生的现象。

（3）连锁性

一个延误事件发生后往往会产生延误链式单元内受体因子的激活反应，引发一系列次生、衍生延误事件，例如，离港航班延误导致使用相同停机位的进港航班延误或旅客群体性事件或管制员工作负荷增加等，这种由于延误连锁性导致的一连串延误事件，联合构成了延误蔓延链甚至是航班延误蔓延链式系统。另外，航班延误蔓延链式系统连锁性不仅表现为引发新的延误事件，还表现在对机场和航空公司形象、延误响应速度、善后服务质量以及旅客出行计划的影响。

（4）复杂性

从航班延误蔓延链式系统供体因子角度来看，任何一个延误供体因子引发的延误事件都可能进一步诱发下级或多级延误事件，从而形成复杂的多级延误蔓延链。而且，航班延误蔓延链式系统内的各种延误事件往往不是单独发生的，而是由某一延误事件引发或几个延误事件同时并发或群发的，体现了航班延误蔓延链式系统本身的复杂性。从孕育环境和受体因子来看，由于孕育环境地区差异和受体因子性状差异，不同机场区域会出现不同类型的延误蔓延链，而且相同的延误蔓延链在不同机场区域也会有较大的差异，这种区域及受体差异大大增加了航班延误蔓延链式系统的复杂性。

由此可见，航空运输网络中的延误蔓延过程具有运用动力学理论进行研究的基本特征。

另外，很多现实系统往往都存在与其他系统之间的联系，在正常运行中多个系统之间不断交互、传递各种物质或能量，共同形成相互弥补的多层网络或耦合网络。在这种相互依存的系统中，不仅存在每层网络内部节点之间的相互作用，也有多层网络之间的相关关联，例如，电力网络给供水网络控制系统供应电力、能源网络给电力网络发电机供应燃料等。延误蔓延链式系统也是如此，延误蔓延链式系统中激活状态的延误要素会触发航班状态的变化，使延误要素链式反应与航班状态动态级联演化之间存在一定的逻辑依赖联系，由此可建立如图 3.2 所示的航班延误双层耦合交互蔓延网络（Two-Layer CIPN）。

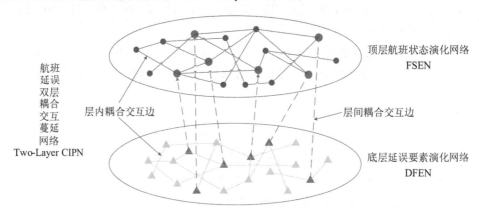

图 3.2 航班延误双层耦合交互蔓延网络示意图

航班延误双层耦合交互蔓延网络（Two-Layer CIPN）是由底层延误要素演化网络（DFEN）和顶层航班状态演化网络（FSEN）构成的航班延误蔓延链式系统。延误要素链式反应构成了底层延误要素演化网络（DFEN），该网络中，▲代表未被激活的延误要素节点，▲代表被激活的延误要素节点，这些节点可引发航班状态演化网络中的航班节点状态变化。航班状态动态级联演化构成了顶层航班状态演化网络(FSEN),该网络中,●代表正常状态的航班节点,●代表延误状态的航班节点。延误要素演化网络为航班状态演化网络提供延误触发动力,使航班状态演化网络中的航班节点与延误要素演化网络中的延误要素节点相关联,被激活的延误要素节点将触发航班状态演化网络中的航班动态级联延误,成为航空运输网络中航班动态级联延误的动力触发源泉及事件导火索。

3.1.2　航班延误蔓延动态反馈与时间迟滞效应

航班延误链式波及是延误要素响应状态和航班延误状态随时间变化进行非线性演化的复杂动态过程,而系统动力学方法在研究复杂性、非线性和时变性的问题上具有突出效果,航班延误蔓延动力学正是基于系统动力学思想来描述延误链式波及动态结构、系统行为与内在动力学机制之间的依赖关系。系统动力学思想认为,每个动态系统在变化的条件下保持稳定或平衡状态的过程都存在着信息反馈机制,因此,延误要素演化网络使航班状态演化网络从平衡状态转化为失稳状态再到新平衡状态的变化过程源于航班延误蔓延链式系统中存在的动态反馈结构。

在航班延误蔓延链式系统 GD 中,延误蔓延链式波及的动态反馈结构描述了蔓延子系统内部延误要素之间或者蔓延子系统之间能量吸收与释放的依赖关系,是指延误要素或子系统的能量释放返回到能量吸收端,并以某种方式改变能量的再次释放。可见,延误蔓延链式波及的动态反馈结构既存在能量从吸收到释放的前向通路,也存在能量从释放到吸收的反馈通路,而这种释放的能量反作用于延误要素或子系统本身的过程,构成了具有因果关系的控制回路。因此,延误蔓延链式波及的动态反馈结构影响和控制着航班延误蔓延链式系统功能与行为。

此外,延误蔓延链式波及的动态反馈结构是一系列互为因果关系的延误要素交互耦合时形成的闭合耦合路径环。根据反馈原理可将延误蔓延链式波及的动态反馈结构分为扩散反馈和消耗反馈。延误链式波及中的扩散反馈效应使能量释放起到与能量吸收相似的作用,使航班实际运行状态与正常运行状态的偏差不断增大,导致航班状态演化网络稳定运行状态被打破,大面积延误趋势增长。延误链式波及中的消耗反馈效应使能量释放起到与能量吸收相反的作用,使航班实际运行状态与正常运行状态的偏差逐渐减小,有助于航班状态演化网络趋于正常运行的平衡状态。延误蔓延链式波及动态反馈结构中的扩散反馈和消耗反馈作用在延误蔓延的不同阶段发挥着各不相同的主导作用。在延误形成和爆发阶段,链式波及的扩散反馈效应发挥主导作用。随着航班延误状态的演化,在延误控制和治理阶段,链式波及的消耗反馈效应则发挥主导作用。

在延误蔓延动力学研究中,动态反馈结构如图 3.3 所示,反馈回路由扩散反馈和消耗反馈组成。在扩散反馈环的作用下,管制员工作负荷的增加导致管制员人为差错的增加,结果反作

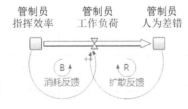

图 3.3　航班延误蔓延链式系统中的动态反馈结构示意图

用于管制员工作负荷,使管制员工作负荷进一步增加,逐渐打破管制员调度指挥工作平衡;在消耗反馈环的作用下,管制员指挥效率的降低使空中交通管制程度增加、空中交通流量减少,导致管制员工作负荷降低,与此同时,这种结果导致管制员指挥效率逐渐增加,管制员调度指挥能力逐渐恢复正常,空中交通管制程度趋于稳定。

此外,延误蔓延链式波及动态结构中的扩散反馈和消耗反馈作用还伴随着物质和能量的传递,但在延误蔓延过程中,延误物质载体转变或延误能量吸收后往往不会立即在输出端发生反应,而是经过一段时间的积聚和转化才向后续传递或释放的。因此,存在物质流入与流出或能量吸收与释放的时间差,即延误蔓延链式波及中的延误传播时间迟滞现象。例如,在航班运行过程中,发生离港延误的航班不会立刻在后序机场发生进港延误,往往会经过空中飞行阶段的能量调节,只有当延误能量无法在空中运行阶段消散时,才有可能在后序机场进港时将前序机场离港时的延误能量传递至后序机场进港过程中。因此,时间迟滞效应是航班延误蔓延链式系统中必不可少的现象之一,影响着延误事件的发生、延误波及程度和延误防治。另外,延误物质载体遵循质量守恒定律,有多少个航班流入航班延误蔓延链式系统,就会有相同数量的航班流出系统。因此,延误物质载体的时间迟滞效应相当于描述航班延误蔓延链式系统内流入物质累积水平的水平变量。但是,延误能量并不存在守恒定律,在延误链式波及的蔓延动力学过程中,延误能量的转化和传递采用速率和辅助变量进行描述,能量从系统中的某个延误要素传播到其他延误要素时产生的时间迟滞效应相当于在系统内进行平均或平滑,例如,旅客得知航班离港延误信息不会立即采取暴力行为,只有当航班离港延误对旅客情绪产生刺激能量并积累到旅客无法承受的程度时,才会激发旅客群体性暴力行为事件。因此,在延误蔓延动力学研究中,延误蔓延的时间迟滞效应如图3.4所示。

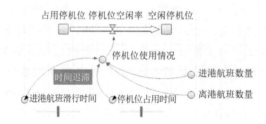

图 3.4　航班延误蔓延链式系统中的时间迟滞效应示意图

在航班实际运行中,由于延误发展及蔓延的时间很快,航班延误蔓延链式系统内的这些时间迟滞往往被忽略,但时间迟滞效应正是导致延误蔓延及延误严重后果的重要原因之一。

3.1.3　航班延误双层耦合交互蔓延网络动力触发机制

航班延误双层耦合交互蔓延网络中延误的触发是延误供体因子、延误受体因子、延误映射方式和孕育环境之间共同作用并通过层间耦合动态交互的运动结果,系统中延误要素在耦合过程中发生存在状态和响应状态变化,沿延误蔓延路径由点到线再到面传播扩散,逐渐酝酿为多层次、多维度的延误蔓延链,甚至形成在多孕育环境中交叉蔓延扩散的航班延误蔓延链式系统。由此可以看出,在航班延误蔓延链式系统中,延误形成和延误蔓延的动力学过程存在着明显的耦合效应,促使延误事件相互关联,导致延误蔓延呈现出不确定性和多态性,最终改变航班状态和延误程度,而追踪其耦合效应本质是图2.3所示中因子能量之间的耦合效应对延误产生促进或者削弱的效果,这成为延误蔓延链式波及的动力触发源头及动力传播支持。因此,在航班延误蔓延链式系统中,可以用延误要素能量值的大小代表延误要素对延误的贡献程度,能量的正负代表延误要素对延误表现出的增强或削弱作用,能量的运动方向表示同为延误正能量或负能量的延误要素发生的同向运动和延误能量有正有负的延误要素发生的相向运动。由于延误要素能量的同向或相向作用,耦合后的延误要素会对延误蔓延表现出不同的贡献形式,例如,促进或削弱航班延误状态的形成或使航班延误状态不断蔓延,这种贡献形式可以用耦合度来量化表征。

当耦合度<0 时,表示延误要素耦合后产生延误负能量,呈现出抑制航班延误状态形成或对延误蔓延产生削弱作用。根据子系统能量作用方向的不同,当耦合度∈(−1,0)时,表示延误要素的延误能量有正有负发生相向运动,但延误负能量因素起主导作用,使延误要素耦合后表现为延误负能量,延误程度或延误范围逐渐减小,对延误产生局部削弱作用,称为局部削弱延误耦合,如图 3.5(a)所示,这种耦合形式会延缓延误抑制因素的实施或削弱延误抑制因素的作用效果。当耦合度≤−1 时,表示延误要素都具有延误负能量并发生同向运动,使延误要素耦合后能量叠加,表现为延误负能量,延误程度或延误范围明显减小,对延误产生完全削弱作用,称为完全削弱延误耦合,如图 3.5(b)所示。

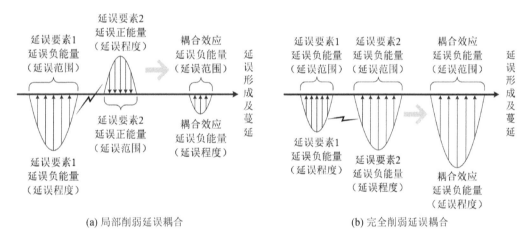

(a) 局部削弱延误耦合　　　　　　　　　　(b) 完全削弱延误耦合

图 3.5　延误要素的削弱延误耦合

当耦合度=0 时,表示具有正负延误能量的延误要素发生相向运动耦合后,能量恰巧趋于零,对延误不产生任何能量贡献,称为抵消延误耦合,如图 3.6 所示。发生抵消延误耦合需要具备两个条件:一是耦合作用的延误要素能量大小相等,能量运动方向相反;二是耦合作用的两个延误要素具有时间同步性,在延误形成或蔓延过程中同时出现。

当耦合度>0 时,表示延误要素耦合后产生延误正能量,呈现出促进航班延误发生或对延误蔓延产生推动作用。根据子系统能量作用方向的不同,当耦合度∈(0,1)时,表示延误要素的延误能量有正有负,发生相向运动,但延误正能量因素起主导作用,使延误要素耦合后表现为延误正能量,延误程度或延误范围逐渐扩大,对延误产生局部增强作用,称为局部增强延误耦合,如图 3.7(a)所示,这种延误耦合会延缓延误的形成或减小延误程度和作用范围以及延误蔓延风险。当耦合度≥1 时,表示延误要素都具有延误正能量并发生同向运动,使延误要素耦合后能量叠加,表现为延误正能量,延误程度或延误范围明显增加,对延误产生完全增强作

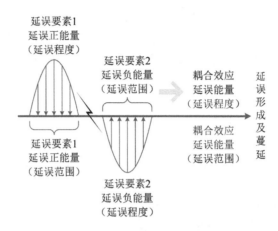

图 3.6　延误要素的抵消延误耦合

用,称为完全增强延误耦合,如图 3.7(b)所示。

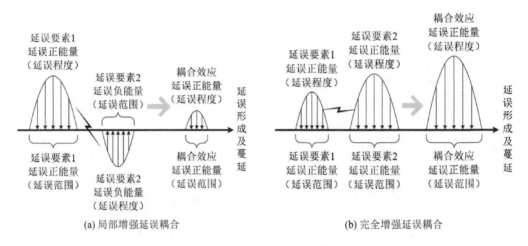

(a) 局部增强延误耦合　　　　　　　　(b) 完全增强延误耦合

图 3.7　延误要素的增强延误耦合

　　在延误蔓延链式波及过程中,总会存在各种延误要素由于不同能量值和正负不同运动方向能量耦合导致的延误促进和缓解效应,这是延误原因多样化和延误蔓延多向扩散的症结所在。因此,从多因素耦合角度控制延误蔓延链式波及,能够达到促进延误负能量实现、抑制延误正能量形成的延误蔓延治理目标。

3.1.4　航班延误双层耦合交互蔓延网络动力耦合函数

　　在实际航班运行中,航班状态改变受到其他多种相关因素或者子系统之间多个因素的共同影响,使航班延误双层耦合交互蔓延网络中航班状态的影响因素个数和因素之间的交互程度不尽相同,形成复杂多样的延误蔓延链式波及形式,即航班延误双层耦合交互蔓延网络发生了多因素耦合效应。根据耦合风险理论,这种航班延误双层耦合交互蔓延网络中的多因素耦合效应是指在延误形成及延误蔓延链式波及过程中,延误要素演化网络中供体因子子系统、受体因子子系统、孕育环境子系统之间及各子系统内部延误要素之间发生相互关联和相互作用,使子系统能量或延误要素因子能量发生交互、重组和传递,导致航班状态演化网络中航班延误状态发生变化,出现不同程度的延误事件或者不同规模的延误蔓延演化过程。因此,基于系统理论和耦合理论,航班延误双层耦合交互蔓延网络中的延误蔓延耦合系统 CS 可表示为:

$$CS = \{C_{df}, C_{rf}, C_{be}\} \tag{3.2}$$

其中,C_{df} 表示供体因子耦合子系统能量值,$C_{df} = \{C_{df}^1, C_{df}^2, \cdots, C_{df}^m\}$,$C_{df}^i = \{C_{df}^{i1}, C_{df}^{i2}, \cdots, C_{df}^{ij}\}$,$C_{df}^{ij}$ 表示第 i 个供体因子耦合子系统中第 j 个供体耦合因子能量值;C_{rf} 表示受体因子耦合子系统能量值,$C_{rf} = \{C_{rf}^1, C_{rf}^2, \cdots, C_{rf}^n\}$,$C_{rf}^i = \{C_{rf}^{i1}, C_{rf}^{i2}, \cdots, C_{rf}^{ij}\}$,$C_{rf}^{ij}$ 表示第 i 个受体因子耦合子系统中第 j 个受体耦合因子能量值;C_{be} 表示孕育环境耦合子系统能量值,$C_{be} = \{C_{be}^1, C_{be}^2, \cdots, C_{be}^l\}$,$C_{be}^i = \{C_{be}^{i1}, C_{be}^{i2}, \cdots, C_{be}^{ij}\}$,$C_{be}^{ij}$ 表示第 i 个孕育环境耦合子系统中第 j 个环境耦合因子能量值。

　　航班延误双层耦合交互蔓延网络的耦合效应伴随着延误触发和链式波及的整个过程,使延误程度及后果呈现出相互促进或者相互削弱的情形,而这些延误结果并不是各个要素相互作用导致的能量简单加和,需要从非线性的角度对航班延误双层耦合交互蔓延网络中延误要素能量贡献程度和作用方向进行耦合分析,推断延误蔓延 3 个子系统之间和子系统内部各延误要素之间的交互作用关系和影响程度。因此,基于系统层面,可将航班延误蔓延链式系统划分为以下两个动力耦合层次。

1. 第一个动力耦合层次:延误蔓延耦合子系统之间的耦合效应

　　延误蔓延耦合子系统之间的耦合效应是指在延误触发和链式蔓延过程中延误供体因子耦合子系统、受体因子耦合子系统和孕育环境耦合子系统三者之间发生相互耦合作用,使延误程度相互促进或者相互削弱的效应作用过程。根据第 2.1.1 小节延误触发的本质规律,如果不存在延误蔓延子系统之间的耦合,供体因子将无法作用于受体因子,也就不会发生延误事件。

　　设 $f(CS_{sub})$ 是延误蔓延子系统的非线性耦合函数,C_{df}^{ip}、C_{rf}^{jq} 和 C_{be}^{ks} 分别表示航班延误蔓延链式系统中第 i 个供体因子耦合子系统中第 p 个供体耦合因子能量值、第 j 个受体因子耦合子系统中第 q 个受体耦合因子能量值和第 k 个孕育环境耦合子系统中第 s 个环境耦合因子能量值,$\lambda_{(df,rf),z}^{(ip,jq)}$ 表示第 z 个供体因子耦合子系统 i 和受体因子耦合子系统 j 组合中第 p 个供体耦合因子和第 q 个受体耦合因子之间耦合的耦合度,$\lambda_{(rf,be),z}^{(jq,ks)}$ 表示第 z 个受体因子耦合子系统 j 和孕育环境耦合子系统 k 组合中第 q 个受体耦合因子和第 s 个环境耦合因子之间耦合的耦合度,$\lambda_{(df,be),z}^{(ip,ks)}$ 表示第 z 个供体因子耦合子系统 i 和孕育环境耦合子系统 k 组合中第 p 个供体耦合因子和第 s 个环境耦合因子之间耦合的耦合度,$\lambda_{(df,rf,be),z}^{(ip,jq,ks)}$ 表示第 z 个供体因子耦合子系统 i、受体因子耦合子系统 j 和孕育环境耦合子系统 k 组合中第 p 个供体耦合因子、第 q 个受体耦合因子和第 s 个环境耦合因子之间耦合的耦合度,则子系统层次之间动力触发的非线性耦合函数可表示为

$$f(CS_{sub}) = \sum_{z=1}^{a_{(df,rf)}} \lambda_{(df,rf),z}^{(ip,jq)} \cdot |C_{df}^{ip} \cdot C_{rf}^{jq}| + \sum_{z=1}^{b_{(rf,be)}} \lambda_{(rf,be),z}^{(jq,ks)} \cdot |C_{rf}^{jq} \cdot C_{be}^{ks}| + \sum_{z=1}^{c_{(df,be)}} \lambda_{(df,be),z}^{(ip,ks)} \cdot |C_{df}^{ip} \cdot C_{be}^{ks}|$$
$$+ \sum_{z=1}^{d_{(df,rf,be)}} \lambda_{(df,rf,be),z}^{(ip,jq,ks)} \cdot |C_{df}^{ip} \cdot C_{rf}^{jq} \cdot C_{be}^{ks}|$$

$$(3.3)$$

式中,当 $\lambda_{(\mathrm{df,rf}),z}^{(ip,jq)}$,$\lambda_{(\mathrm{rf,be}),z}^{(jq,ks)}$,$\lambda_{(\mathrm{df,be}),z}^{(ip,ks)}$,$\lambda_{(\mathrm{df,rf,be}),z}^{(ip,jq,ks)} \in (-1,0)$ 时,表示子系统之间发生局部削弱延误耦合;当 $\lambda_{(\mathrm{df,rf}),z}^{(ip,jq)}$,$\lambda_{(\mathrm{rf,be}),z}^{(jq,ks)}$,$\lambda_{(\mathrm{df,be}),z}^{(ip,ks)}$,$\lambda_{(\mathrm{df,rf,be}),z}^{(ip,jq,ks)} \leqslant -1$ 时,表示子系统之间发生完全削弱延误耦合; 当 $\lambda_{(\mathrm{df,rf}),z}^{(ip,jq)}$,$\lambda_{(\mathrm{rf,be}),z}^{(jq,ks)}$,$\lambda_{(\mathrm{df,be}),z}^{(ip,ks)}$,$\lambda_{(\mathrm{df,rf,be}),z}^{(ip,jq,ks)} = 0$ 时,表示子系统之间发生抵消延误耦合;当 $\lambda_{(\mathrm{df,rf}),z}^{(ip,jq)}$,$\lambda_{(\mathrm{rf,be}),z}^{(jq,ks)}$,$\lambda_{(\mathrm{df,be}),z}^{(ip,ks)}$,$\lambda_{(\mathrm{df,rf,be}),z}^{(ip,jq,ks)} \in (0,1)$ 时,表示子系统之间发生局部增强延误耦合;当 $\lambda_{(\mathrm{df,rf}),z}^{(ip,jq)}$,$\lambda_{(\mathrm{rf,be}),z}^{(jq,ks)}$,$\lambda_{(\mathrm{df,be}),z}^{(ip,ks)}$,$\lambda_{(\mathrm{df,rf,be}),z}^{(ip,jq,ks)} \geqslant 1$ 时,表示子系统之间发生完全增强延误耦合。$a_{(\mathrm{df,rf})}$、$b_{(\mathrm{rf,be})}$、$c_{(\mathrm{df,be})}$ 和 $d_{(\mathrm{df,rf,be})}$ 分别表示不同延误蔓延子系统组合下的耦合个数。

2. 第二个动力耦合层次:延误蔓延耦合子系统内部各个延误要素之间的耦合效应

延误蔓延耦合子系统内部各个延误要素之间的耦合效应是指在延误触发和链式蔓延过程中 3 个延误蔓延耦合子系统(供体因子耦合子系统、受体因子耦合子系统和孕育环境耦合子系统)内部各个延误要素彼此交互形成的耦合效应,该层次的延误要素交互耦合效应不涉及子系统之间的要素耦合作用。

设 $f(\mathrm{CS}_{\mathrm{sub}}^{\mathrm{df}_i})$ 是第 i 个供体因子耦合子系统内部供体耦合因子之间动力触发的非线性耦合函数,C_{df}^{ip}、C_{df}^{iq}、C_{df}^{ik} 和 C_{df}^{is} 分别表示第 i 个供体因子耦合子系统中第 p 个、第 q 个、第 k 个和第 s 个供体耦合因子能量值,$\eta^{(ip,iq)}$、$\eta^{(ip,iq,ik)}$、$\cdots$、$\eta^{\overbrace{(ip,iq,\cdots,is)}^{n_{\mathrm{df}}}}$ 分别表示供体因子耦合子系统中两个因子、三个因子、$\cdots$、n_{df} 个因子之间耦合的耦合度,则 $f(\mathrm{CS}_{\mathrm{sub}}^{\mathrm{df}_i})$ 可表示为

$$f(\mathrm{CS}_{\mathrm{sub}}^{\mathrm{df}_i}) = \sum_{z=1}^{a_{\mathrm{df}}} \eta_z^{(ip,iq)} \cdot |C_{\mathrm{df}}^{ip} \cdot C_{\mathrm{df}}^{iq}| + \sum_{z=1}^{b_{\mathrm{df}}} \eta_z^{(ip,iq,ik)} \cdot |C_{\mathrm{df}}^{ip} \cdot C_{\mathrm{df}}^{iq} \cdot C_{\mathrm{df}}^{ik}| + \cdots +$$

$$\sum_{z=1}^{c_{\mathrm{df}}} \eta_z^{\overbrace{(ip,iq,\cdots,is)}^{n_{\mathrm{df}}}} \cdot |\overbrace{C_{\mathrm{df}}^{ip} \cdot C_{\mathrm{df}}^{iq} \cdot C_{\mathrm{df}}^{ik} \cdot \cdots \cdot C_{\mathrm{df}}^{is}}^{n_{\mathrm{df}}}| \qquad (3.4)$$

其中

当 $\eta^{(iz,iq)}$,$\eta^{(iz,iq,ik)}$,$\cdots$,$\eta^{\overbrace{(iz,iq,\cdots,is)}^{n_{\mathrm{df}}}} \in (-1,0)$ 时,表示供体耦合因子之间发生局部削弱延误耦合;当 $\eta_z^{(ip,iq)}$,$\eta_z^{(ip,iq,ik)}$,$\cdots$,$\eta_z^{\overbrace{(iz,iq,\cdots,is)}^{n_{\mathrm{df}}}} \leqslant -1$ 时,表示供体耦合因子之间发生完全削弱延误耦合;当 $\eta_z^{(ip,iq)}$,$\eta_z^{(ip,iq,ik)}$,$\cdots$,$\eta_z^{\overbrace{(ip,iq,\cdots,is)}^{n_{\mathrm{df}}}} = 0$ 时,表示供体耦合因子之间发生抵消延误耦合;当 $\eta_z^{(ip,iq)}$,$\eta_z^{(ip,iq,ik)}$,$\cdots$,$\eta_z^{\overbrace{(ip,iq,\cdots,is)}^{n_{\mathrm{df}}}} \in (0,1)$ 时,表示供体耦合因子之间发生局部增强延误耦合;当 $\eta_z^{(ip,iq)}$,$\eta_z^{(ip,iq,ik)}$,$\cdots$,$\eta_z^{\overbrace{(ip,iq,\cdots,is)}^{n_{\mathrm{df}}}} \geqslant 1$ 时,表示供体耦合因子之间发生完全增强延误耦合。

a_{df}、b_{df}、$\cdots$ 和 c_{df} 分别表示两个供体因子耦合的耦合个数、三个供体因子耦合的耦合个数、$\cdots\cdots$ 和 n_{df} 个供体因子耦合的耦合个数,并且 $2 \leqslant n_{\mathrm{df}} \leqslant n$,$p \neq q \neq k \neq s$。

同理,第 i 个受体因子耦合子系统内部受体耦合因子之间动力触发的非线性耦合函数 $f(\mathrm{CS}_{\mathrm{sub}}^{\mathrm{rf}_i})$ 和第 i 个孕育环境耦合子系统内部环境耦合因子之间动力触发的非线性耦合函数 $f(\mathrm{CS}_{\mathrm{sub}}^{\mathrm{be}_i})$ 可分别表示为

$$f(\mathrm{CS}_{\mathrm{sub}}^{\mathrm{rf}_i}) = \sum_{z=1}^{a_{\mathrm{rf}}} \varphi_z^{(ip,iq)} \cdot |C_{\mathrm{rf}}^{ip} \cdot C_{\mathrm{rf}}^{iq}| + \sum_{z=1}^{b_{\mathrm{rf}}} \varphi_z^{(ip,iq,ik)} \cdot |C_{\mathrm{rf}}^{ip} \cdot C_{\mathrm{rf}}^{iq} \cdot C_{\mathrm{rf}}^{ik}| + \cdots +$$

$$\sum_{z=1}^{c_{\mathrm{rf}}} \varphi_z^{\overbrace{(ip,iq,ik,\cdots,is)}^{n_{\mathrm{rf}}}} \cdot |\overbrace{C_{\mathrm{rf}}^{ip} \cdot C_{\mathrm{rf}}^{iq} \cdot C_{\mathrm{rf}}^{ik} \cdot \cdots \cdot C_{\mathrm{rf}}^{is}}^{n_{\mathrm{rf}}}| \qquad (3.5)$$

$$f\left(\mathrm{CS}_{\mathrm{sub}}^{\mathrm{be}_i}\right)=\sum_{z=1}^{a_{\mathrm{be}}}\xi_z^{(ip,iq)}\cdot\left|C_{\mathrm{be}}^{ip}\cdot C_{\mathrm{be}}^{iq}\right|+\sum_{z=1}^{b_{\mathrm{be}}}\xi_z^{(ip,iq,ik)}\cdot\left|C_{\mathrm{be}}^{ip}\cdot C_{\mathrm{be}}^{iq}\cdot C_{\mathrm{be}}^{ik}\right|+\cdots+$$

$$\sum_{z=1}^{c_{\mathrm{be}}}\xi_z^{\overbrace{(ip,iq,ik,\cdots,is)}^{n_{\mathrm{be}}}}\cdot\left|\overbrace{C_{\mathrm{be}}^{ip}\cdot C_{\mathrm{be}}^{iq}\cdot C_{\mathrm{be}}^{ik}\cdot\cdots\cdot C_{\mathrm{be}}^{is}}^{n_{\mathrm{be}}}\right| \tag{3.6}$$

式(3.5)中，C_{rf}^{ip}、C_{rf}^{iq}、C_{rf}^{ik} 和 C_{rf}^{is} 分别表示第 i 个受体因子耦合子系统中第 p 个、第 q 个、第 k 个和第 s 个受体耦合因子能量值，$\varphi_z^{(ip,iq)}$、$\varphi_z^{(ip,iq,ik)}$、$\cdots$、$\varphi_z^{\overbrace{(ip,iq,ik,\cdots,is)}^{n_{\mathrm{rf}}}}$ 分别表示受体因子耦合子系统中两个因子、三个因子、$\cdots$、n_{rf} 个因子之间耦合的耦合度，a_{rf}、b_{rf}、$\cdots$ 和 c_{rf} 分别表示两个受体因子耦合的耦合个数、三个受体因子耦合的耦合个数、$\cdots$ 和 n_{rf} 个受体因子耦合的耦合个数，并且 $2\leqslant n_{\mathrm{rf}}\leqslant n$，$p\neq q\neq k\neq s$。

式(3.6)中，C_{be}^{ip}、C_{be}^{iq}、C_{be}^{ik} 和 C_{be}^{is} 分别表示第 i 个孕育环境耦合子系统中第 p 个、第 q 个、第 k 个和第 s 个环境耦合因子能量值，$\xi_z^{(ip,iq)}$、$\xi_z^{(ip,iq,ik)}$、$\cdots$、$\xi_z^{\overbrace{(ip,iq,ik,\cdots,is)}^{n_{\mathrm{be}}}}$ 分别表示孕育环境耦合子系统中两个因子、三个因子、$\cdots$、n_{be} 个因子之间耦合的耦合度，a_{be}、b_{be}、$\cdots$ 和 c_{be} 分别表示两个环境因子耦合的耦合个数、三个环境因子耦合的耦合个数、$\cdots$ 和 n_{be} 个环境因子耦合的耦合个数，并且 $2\leqslant n_{\mathrm{be}}\leqslant n$，$p\neq q\neq k\neq s$。

可见，航班延误双层耦合交互蔓延网络中延误蔓延耦合子系统层次之间的耦合是延误触发和链式蔓延的充分必要条件，可将延误蔓延子系统之间的耦合效应看成延误蔓延链式波及的动力触发源头，而延误蔓延耦合子系统内部各个延误要素之间的耦合通常对延误蔓延发挥推波助澜的促进作用，可将延误蔓延耦合子系统内部各个延误要素之间的耦合效应看成延误蔓延链式波及的动力传播支持。

3.2　延误要素链式反应蔓延动力学机制

3.2.1　多延误要素耦合链式波及动态结构及分层蔓延动力耦合机理

从系统动力学的角度出发，延误要素链式反应过程表现出的因子耦合特征和链式波及行为主要取决于延误要素演化网络的动态结构。其中，链式反应路径是各种延误要素相继耦合交互作用的结果，由多种延误蔓延链式反应构型（如点状、沿线状、辐射状、汇聚状和循环状）组合而成，而导致耦合效应从两个动力耦合层次之间向整个延误要素演化网络延伸扩张，最终演化成多延误要素耦合链式波及动态结构路径。这种延误要素演化网络中多延误要素耦合导致延误的动力学过程可以用图论的方式进行描述，延误要素链式波及过程中多延误要素耦合交互路径如图 3.8 所示，其中●代表供体因子子系统中的供体因子，用 df_i 表示；■代表受体因子子系统中的受体因子，用 rf_i 表示；▲代表孕育环境子系统中的环境因子，用 be_i 表示。

在图 3.8 中，延误要素演化网络中延误要素之间的结构关系用因子交互路径边 R 表示，$R_{\mathrm{df}}^{i,j}$、$R_{\mathrm{rf}}^{i,j}$ 和 $R_{\mathrm{be}}^{i,j}$ 分别表示供体因子子系统、受体因子子系统和孕育环境子系统中第 i 个延误要素与第 j 个延误要素之间的交互路径边，$R_{\mathrm{df,rf}}^{i,j}$、$R_{\mathrm{rf,be}}^{i,j}$ 和 $R_{\mathrm{be,df}}^{i,j}$ 分别表示不同子系统之间第 i 个延误要素与第 j 个延误要素之间的交互路径边，其中，$i,j=1,2,\cdots,n$，并且当第 i 个延误要

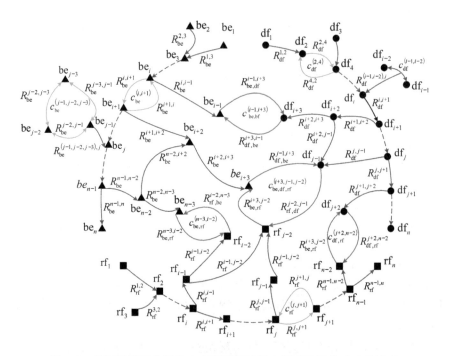

图 3.8　延误要素演化网络中多延误要素耦合链式波及的动力学过程

素与第 j 个延误要素属于相同延误蔓延子系统时，$i \neq j$。$c_{df}^{(i,j)}$、$c_{rf}^{(i,j)}$ 和 $c_{be}^{(i,j)}$（$i \neq j$）分别表示供体因子子系统内部、受体因子子系统内部和孕育环境子系统内部第 i 个延误要素与第 j 个延误要素之间的耦合路径环，属于延误蔓延的第二个动力耦合层次，即延误蔓延耦合子系统内部各个延误要素之间的耦合效应，在图 3.8 中用蓝色线条表示。$c_{df,rf}^{(i,j)}$、$c_{rf,be}^{(i,j)}$、$c_{be,df}^{(i,j)}$ 和 $c_{df,rf,be}^{(i,j,k)}$ 分别表示不同子系统之间的延误要素耦合路径环，属于延误蔓延的第一个动力耦合层次，即延误蔓延耦合子系统之间的耦合效应，在图 3.8 中用红色线条表示。延误蔓延及链式波及采用有向路径表示，在图 3.8 中延误要素交互路径和耦合路径中的上标 i,j 表示 $i \rightarrow j$，即第 i 个延误要素作用于第 j 个延误要素，当延误要素之间产生反馈作用时，将会连接为另一条新的交互路径 $j \rightarrow i$，用上标 j,i 表示。根据图 3.8 所示的延误要素演化网络中多延误要素耦合链式波及的动态结构，可分析出延误分层蔓延的动力耦合机理。

1. 延误蔓延内层动力耦合机理

延误蔓延内层动力耦合是指延误蔓延各子系统内部的动力学过程。如图 3.8 所示，在时间的推移下，延误要素在各自延误蔓延子系统内部释放致延动能，沿着因子交互路径将致延动能传递至后续延误要素，形成各子系统内部的动力交互和动力耦合路径，例如，受体因子子系统内部的动力作用路径 $R_{rf}^{1,2} \rightarrow \cdots \rightarrow R_{rf}^{i,i+1} \rightarrow \cdots \rightarrow c_{rf}^{(j,j+1)} \rightarrow \cdots \rightarrow R_{rf}^{n-1,n}$，形成沿线状链式反应构型。在延误蔓延子系统内部还会存在多个延误要素共同作用某个延误要素的情形，例如，rf_1 和 rf_3 分别经过交互路径边 $R_{rf}^{1,2}$ 和 $R_{rf}^{3,2}$ 作用于 rf_2，构成汇聚状链式反应构型；也会出现一个延误要素对多个要素延误产生动力作用的情形，例如，df_{i+2} 分别通过交互路径边 $R_{df}^{i+2,i+3}$ 和 $R_{df}^{i+2,j-1}$ 作用于 df_{i+3} 和 df_{j-1}，形成辐射状链式反应构型。在延误蔓延子系统内部也会有几个延误要素交互产生的耦合致延动能共同作用于某个延误要素，例如，$c_{be}^{(j-1,j-2,j-3)}$，形成循环状链式反应构型。

2. 延误蔓延中层动力耦合机理

延误蔓延中层动力耦合是指两两延误蔓延子系统之间的动力学过程。如图 3.8 所示,在时间的推移下,延误蔓延子系统之间也会产生延误要素作用关系,形成子系统之间的因子交互路径边。这些交互路径边用来表示子系统之间延误要素的结构关系,体现延误动力形成和动力蔓延的本质规律。在初始延误形成和次生、衍生延误蔓延的过程中,延误蔓延孕育环境子系统与受体因子子系统间交互作用,如 $(R_{be}^{n-2,n-3}, c_{be,rf}^{(n-3,i-2)}, R_{rf}^{i-1,i-2})$,孕育环境子系统与供体因子子系统间交互作用,如 $(R_{be}^{i,i-1}, c_{be,df}^{(i-1,i+3)}, R_{df}^{i+2,i+3})$,供体因子子系统与受体因子子系统间交互作用,如 $(R_{df}^{j+1,j+2}, c_{df,rf}^{(j+2,n-2)}, R_{rf}^{n-1,n-2})$,以此类推,两两子系统之间的延误要素交互推动着延误在系统中的不断蔓延。其中,$c_{be,rf}^{(n-3,i-2)}$ 表示受体因子受到孕育环境感染的过程,是孕育延误的阶段;$c_{be,df}^{(i-1,i+3)}$ 表示环境孕育供体因子的过程或孕育环境对供体因子滋生的影响过程,是延误供体因子形成的阶段;$c_{df,rf}^{(j+2,n-2)}$ 表示供体因子的致延动能释放至受体因子的过程,是延误的形成或蔓延为次生、衍生延误的过程。

3. 延误蔓延外层动力耦合机理

延误蔓延外层动力耦合是指整个延误蔓延链式系统的动力学过程。在多延误要素耦合链式波及的动态结构中,也有在 3 个延误蔓延子系统之间产生的包含孕育延误、形成延误全过程的动力交互作用,使延误要素演化网络形成错综复杂的耦合蔓延动力网络。在这个耦合蔓延动力网络中存在较强的耦合动力,例如,耦合路径 $(R_{be}^{i+1,i+2}, R_{be}^{i+2,i+3}, c_{be,df,rf}, R_{df}^{j,j-1}, c_{be,df,rf}^{(i+3,j-1,j-2)}, R_{rf}^{j,j-1}, R_{rf}^{j-1,j-2})$。

可见,延误要素演化网络是具有内、中、外 3 层蔓延动力学机制的耦合蔓延动力网络,不同延误蔓延层次动力学机制中的耦合路径环体现了延误蔓延链式波及的动态反馈结构。随着时间的推移,航班延误蔓延链式系统呈现延误非线性演化的趋势,系统中延误要素出现的时间先后有可能会加速或缓和延误的发生和蔓延,使延误程度和影响范围产生不同的结果。

3.2.2　延误要素蔓延动力学演化机制

延误要素是航班延误蔓延链式系统至关重要的构成元素,多种延误要素在分层蔓延的动力耦合机理作用下不断交互,探究延误要素之间的因果交互关系能够发现导致航班延误状态变化和延误蔓延的关键因素,对刻画延误要素链式演化的蔓延动力学演化机制、控制航班状态变化和提高航班延误及蔓延波及的防治效果具有重大意义。结合民航运输的理论知识,在文献调研和延误事件统计分析的基础上,可总结出延误要素演化网络各子系统具有代表性的延误要素(见附录 A)。可以看出,各种延误要素在一定程度上具有独立性,但各要素之间也存在相关关系,表现为孕育环境子系统活跃性、供体因子子系统风险性和受体因子子系统脆弱性交互耦合的过程,即发生延误要素链式反应,进而可以采用因果关系图从这 3 个子系统动力耦合因果关系来探索延误要素链式演化的蔓延动力学演化机制。

1. 孕育环境子系统活跃性

孕育环境是航班延误酝酿和相互波及的场所,航班延误孕育环境子系统中的因子活跃性对延误触发及波及与否发挥着重要作用,其中包括实时天气因素活跃性、机场运行条件因素活跃性、机场航班动态因素活跃性和自然灾害因素活跃性。这 4 种类型延误要素的活跃性动力耦合因果关系如图 3.9 所示。

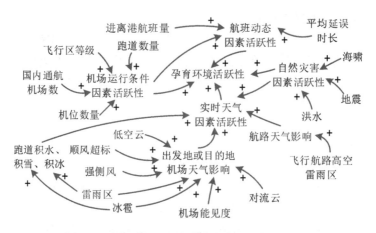

图3.9 孕育环境子系统活跃性动力耦合因果关系

由图3.9可见,实时天气因素活跃性、机场运行条件因素活跃性、机场航班动态因素活跃性和自然灾害因素活跃性都对航班延误产生促进作用。其中,实时天气因素活跃性主要指航班运行的实时天气影响,其中包括出发地、航路和目的地机场的天气条件,而自然灾害因素活跃性是指重大自然灾害造成的孕育环境大部分瘫痪,无法保障航班正常运行。这些延误要素的耦合关系形成航班延误风险,导致航班延误发生的不确定性和延误波及的严重性。

2. 供体因子子系统风险性

供体因子子系统风险性源于孕育环境的活跃性,在孕育环境的影响下对外表现为航空公司因素、航空器因素、空管因素、空域活动因素、机场因素、油料因素、旅客因素、联检单位因素和公共安全因素。这几种类型延误要素的风险性动力耦合因果关系如图3.10所示。

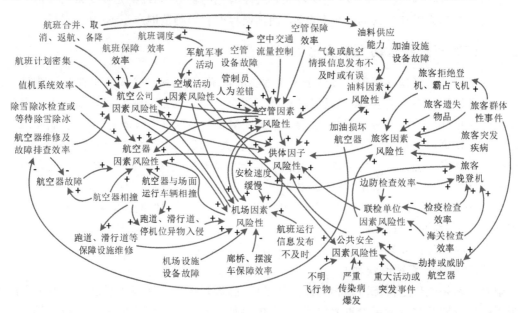

图3.10 供体因子子系统风险性动力耦合因果关系

由图3.10可见,在造成航班延误的供体因子中,任意一种延误要素都有可能相继次生、衍生出其他一种延误要素或其他几种延误要素,形成多条延误耦合路径。从延误要素类型层面来看,无论哪种类型延误要素最先触发,只要产生了某种延误要素,都将诱发其他次生、衍生延误要素。从供体因子耦合层面来看,供体因子风险性受到延误要素作用强度和延误要素触发概率的共同影响,这将成为控制延误的关键点。

3. 受体因子子系统脆弱性

航班延误受体因子子系统脆弱性程度取决于航空器脆弱性、空管脆弱性、航空公司脆弱性、机场脆弱性、旅客脆弱性和受体因子延误承载能力这几种延误要素之间的交互作用。这些延误要素的脆弱性动力耦合因果关系如图 3.11 所示。

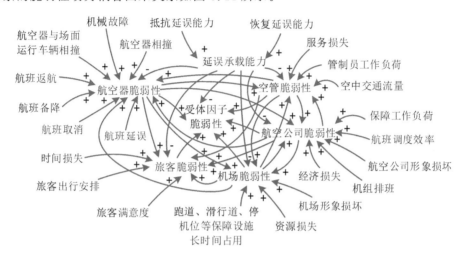

图 3.11　受体因子子系统脆弱性动力耦合因果关系

由图 3.11 可见,航空器脆弱性是受体因子最根本的构成要素,航空器一旦发生机械故障、延误和取消等不正常运行事件,将同时对空管、航空公司、机场的正常工作秩序和旅客计划出行安排产生一定程度的影响。因此,提升受体因子延误承载能力能够加强受体因子进行主动防御的延误破坏调节能力,有助于降低受体因子子系统的整体脆弱性,延误承载能力伴随抵抗延误能力和恢复延误能力的提升而增加,并且与延误应急响应资源投入程度有关。其中,抵抗延误能力是指在延误发生时,受体因子的正常运行秩序不被破坏或保持计划运行的能力,表现为作为受体因子的航班对延误的抵制能力,即抵抗延误要素干扰的阈值;恢复延误能力则指延误发生过程中或发生后相关部门的处置能力,通过快速响应介入,使航班正常运行秩序得以恢复的体现。

4. 延误蔓延三子系统之间的动力耦合关系

基于上述延误蔓延三个子系统内部动力耦合因果关系分析,统观孕育环境、供体因子和受体因子三个子系统之间的动力耦合作用是对延误从发生到蔓延的整个过程的描述,其动力耦合因果关系如图 3.12 所示。

由图 3.12 可见,孕育环境是延误发生和滋长的温床,延误孕育环境的活跃性主要源于适合延误触发的气候条件、地理特征及机场等级等,活跃的供体因子孕育环境更易于延误的形成,是触发延误、传播延误和造成大面积延误风险的外在缘由。延误供体因子是触发延误的致延动能的直接来源,这种异变能量是造成供体因子风险性和促成延误次生、衍生事件的直接缘由,供体因子风险性往往体现为受体因子脆弱性和供体因子破坏性的增加,多种类型的供体因子可能单独、先后或交叉作用于延误受体因子,并在机场间或航班链间不断次生、衍生。延误

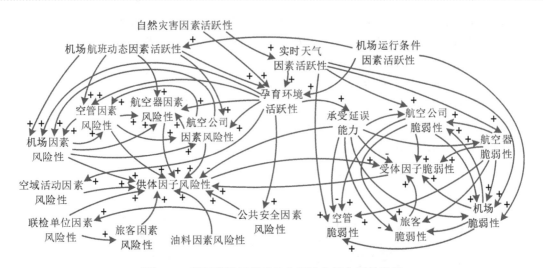

图 3.12　延误蔓延三子系统之间动力耦合因果关系

受体因子是供体因子致延动能的主要作用对象和接受者,受体因子的脆弱性体现在受体因子本身对延误的调节能力以及受体因子子系统内部延误要素的关联程度,通过调节系统中延误承载能力能够有效降低延误受体因子脆弱性,达到减小延误发生概率和削弱延误后续蔓延程度的目的。可见,延误蔓延动力耦合系统中各要素关联紧密、耦合路径复杂,不仅包括延误从孕育环境到供体因子再到受体因子的整个延误形成和蔓延过程,也包括延误承载能力对延误蔓延的影响,延误蔓延三个子系统的共同交互促进了延误的形成和衍生,推动了延误链的蔓延演化过程。

3.2.3　延误要素链式耦合蔓延动力学模型

从整体角度看,底层延误要素演化网络的蔓延动力学机制描述了延误要素孕育的激活阶段和被激活延误要素演化的驱动阶段,如图 3.13 所示,前者是延误孕育环境与供体因子相互作用发生变异与激活的酝酿过程;后者则是发生异变的被激活延误要素作用于受体因子,驱动航班状态变化的激发过程。

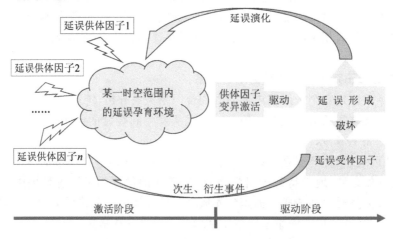

图 3.13　延误要素链式耦合的动力阶段划分

通过对延误要素链式演化过程进行梳理,可以发现,延误要素链式演化的动力学本质是对航班延误蔓延链式系统中孕育环境活跃性、供体因子风险性和受体因子脆弱性之间的相互作用机理以及航班延误状态的离散演化过程进行量化,这些延误要素的活跃性、风险性和脆弱性分析是航班延误蔓延的深层次驱动力量。因此,可将延误要素演化网络中的延误要素链式耦合蔓延动力学模型表示为如下一般形式

$$\begin{cases} d\text{RS}_{\text{de}^i}/dt = \Gamma(\text{RS}_{\text{de}^i}(t),\kappa) = \Gamma(\text{ES}_{\text{be}^i}(t-1),\text{ES}_{\text{df}^i}(t-1),\text{ES}_{\text{rf}^i}(t-1);\kappa) \\ \text{ES}_{\text{be}^i}(t) = \sum_{j=1}^{n_{\text{be}i}}\text{ES}_{\text{be}^i_j}(t), \quad \text{ES}_{\text{df}^i}(t) = \sum_{j=1}^{n_{\text{df}i}}\text{ES}_{\text{df}^i_j}(t), \quad \text{ES}_{\text{rf}^i}(t) = \sum_{j=1}^{n_{\text{rf}i}}\text{ES}_{\text{rf}^i_j}(t) \end{cases} \tag{3.7}$$

其中,$\text{RS}_{\text{de}^i}(t)$ 表示航班延误蔓延链式系统内 t 时刻第 i 个延误事件的响应状态;$\text{ES}_{\text{be}^i}(t-1)$ 表示 $t-1$ 时刻与第 i 个延误事件相关的孕育环境因子的存在状态,即 $t-1$ 时刻第 i 个延误事件的孕育环境因子活跃性,该时刻的孕育环境活跃性是与第 i 个延误事件相关的 $n_{\text{be}i}$ 个孕育环境因子存在状态的总和;$\text{ES}_{\text{df}^i}(t-1)$ 表示 $t-1$ 时刻与第 i 个延误事件相关的供体因子存在状态,即 $t-1$ 时刻第 i 个延误事件的供体因子风险性,该时刻的供体因子风险性是与第 i 个延误事件相关的 $n_{\text{df}i}$ 个供体因子存在状态的总和;$\text{ES}_{\text{rf}^i}(t-1)$ 表示 $t-1$ 时刻与第 i 个延误事件相关的受体因子存在状态,即 $t-1$ 时刻第 i 个延误事件的受体因子脆弱性,该时刻的受体因子脆弱性是与第 i 个延误事件相关的 $n_{\text{rf}i}$ 个受体因子存在状态的总和;κ 是调整系数。可见,延误事件在某一时刻的响应状态受到上一时刻孕育环境活跃性、供体因子风险性和受体因子脆弱性的共同影响,这些延误要素之间的非线性动力学能量耦合扩散作用推动了航班状态演化网络中航班延误状态的蔓延演化趋势。

1. 延误要素因子激活度

设 e_i 为航班延误蔓延链式系统 $\text{GD} = \langle D_E, \text{DF}, \text{RF}, M, \text{BE} \rangle$ 中的第 i 个延误要素节点,则延误要素因子激活度是指 t 时刻延误要素节点 e_i 被激活后对航班状态的破坏能量激发力度,可表示为 $d_{\text{act}}^{e_i}(t)$。它既反映了 t 时刻该延误要素被激活的程度,也表现了一定时空范围内驱动航班延误状态变化的严重度和延误蔓延趋势。航班延误蔓延链式系统中延误要素节点 e_i 的因子激活度可表示为

$$d_{\text{act}}^{e_i}(t) = \delta_{\text{self}}^{e_i}(t-1) + \delta_{\text{main}}^{e_i}(t-1) - \delta_{\text{bear}}^{e_i}(t) =$$
$$v_{\text{rf}}^{e_i}(t-1) + \lambda_{\text{df,rf,be}}^{e_i} \cdot \text{ac}_{\text{be}}^{e_i}(t-1) \cdot r_{\text{df}}^{e_i}(t-1) \cdot v_{\text{rf}}^{e_i}(t-1) - T^{e_i}(t) \tag{3.8}$$

从式(3.8)中可以看出,t 时刻延误要素因子激活度 $d_{\text{act}}^{e_i}(t)$ 受到 3 方面因素的共同影响。$\delta_{\text{self}}^{e_i}(t-1)$ 表示 $t-1$ 时刻延误要素节点 e_i 自身的脆弱性能量,研究延误要素节点 e_i 的因子激活度就需要将延误要素节点 e_i 看作受体因子,并考虑其自身脆弱性能量,这部分是决定延误要素节点 e_i 是否被激活的自身条件因素;$\delta_{\text{main}}^{e_i}(t-1)$ 表示 $t-1$ 时刻延误要素节点 e_i 自身脆弱性和其所在孕育环境活跃性及与其相关的供体因子风险性的能量耦合作用,这部分是延误要素节点 e_i 是否被激活的主体反应因素;$\delta_{\text{bear}}^{e_i}(t)$ 表示当前 t 时刻延误要素节点 e_i 的承载能力,这部分是延误抵抗能力和恢复能力的综合体现。

在式(3.8)中,将 t 时刻延误要素节点 e_i 所在孕育环境 be^{e_i} 的活跃性表示为 $\text{ac}_{\text{be}}^{e_i}(t)$,用来

表征延误要素节点 e_i 的孕育环境感染力，$be^{e_i} = \overbrace{\{be_1^{e_i}, be_2^{e_i}, \cdots, be_{n_{be^{e_i}}}^{e_i}\}}^{n_{be^{e_i}}} \in BE$，$n_{be^{e_i}}$ 表示延误要素节点 e_i 所在的孕育环境中环境因子节点个数；将 t 时刻与延误要素节点 e_i 相关的供体因子 df^{e_i} 的风险性表示为 $r_{df}^{e_i}(t)$，用来表征延误要素节点 e_i 的供体因子破坏力，$df^{e_i} = \overbrace{\{df_1^{e_i}, df_2^{e_i}, \cdots, df_{n_{df^{e_i}}}^{e_i}\}}^{n_{df^{e_i}}} \in DF$，$n_{df^{e_i}}$ 表示对延误要素节点 e_i 产生破坏作用的供体因子节点个数；将 t 时刻延误要素节点 e_i 的脆弱性表示为 $v_{rf}^{e_i}(t)$，此时将要研究的延误要素节点 e_i 看作受体因子 rf^{e_i}，用来表征受体因子（即延误要素节点 e_i）发生激活响应的容易程度，$rf^{e_i} = \overbrace{\{rf_1^{e_i}, rf_2^{e_i}, \cdots, rf_{n_{rf^{e_i}}}^{e_i}\}}^{n_{rf^{e_i}}} \in RF$，由于此时将延误要素节点 e_i 作为研究对象，故将其看作受体因子，$n_{rf^{e_i}}$ 设为 1；$\lambda_{(df,rf,be)}^{e_i}$ 指延误要素节点 e_i 所在的孕育环境子系统、对延误要素节点 e_i 产生破坏作用的供体因子子系统和延误要素节点 e_i 自身受体因子子系统这三个子系统之间的能量耦合调节度；$T^{e_i}(t)$ 是指 t 时刻延误要素节点 e_i 的承载能力值。

（1）孕育环境活跃性

延误要素节点 e_i 所在的孕育环境活跃性体现在孕育环境中各种环境因子之间的能量流动和耦合交互过程，表示孕育环境中各种环境因子对 e_i 产生的随机扰动强度，即孕育环境因子的能量感染力。用 $ac_{be}^{e_i,s}(t)$ 表示 t 时刻延误要素节点 e_i 所在的孕育环境中第 s 个环境因子 $be_s^{e_i}$ 的活跃性能量，$be_s^{e_i} \in \overbrace{\{be_1^{e_i}, be_2^{e_i}, \cdots, be_{n_{be^{e_i}}}^{e_i}\}}^{n_{be^{e_i}}} \in BE$，$n_{be^{e_i}}$ 表示 e_i 所在的孕育环境中环境因子节点个数。由于孕育环境活跃性受到实时天气、机场运行条件、机场航班动态和自然灾害这 4 方面因素的共同活跃性影响，分别用 $be_W^{e_i}$、$be_A^{e_i}$、$be_O^{e_i}$ 和 $be_{ND}^{e_i}$ 表示 e_i 所在孕育环境的实时天气动态、机场运行承载能力、机场航班动态波动和自然灾害威胁，则

$$\{be_1^{e_i}, be_2^{e_i}, \cdots, be_{n_{be^{e_i}}}^{e_i}\} = be_W^{e_i} \bigcup be_A^{e_i} \bigcup be_O^{e_i} \bigcup be_{ND}^{e_i}, \quad BE = BE_W \bigcup BE_A \bigcup BE_O \bigcup BE_{ND}$$

进而可将 t_0 时刻环境因子 $be_s^{e_i}$ 的活跃性能量 $ac_{be}^{e_i,s}(t_0)$ 表示为

$$ac_{be}^{e_i,s}(t_0) = \begin{cases} 1 + \dfrac{C_{be}^{e_i,s}(t_0) - TV_{be,W}^{e_i}}{TV_{be,W}^{e_i}}, & be_s^{e_i} \in be_W^{e_i} \\[3mm] 1 + \dfrac{C_{be}^{e_i,s}(t_0) - TV_{be,A}^{e_i}}{TV_{be,A}^{e_i}}, & be_s^{e_i} \in be_A^{e_i} \\[3mm] 1 + \dfrac{C_{be}^{e_i,s}(t_0) - TV_{be,O}^{e_i}}{TV_{be,O}^{e_i}}, & be_s^{e_i} \in be_O^{e_i} \\[3mm] 1 + \dfrac{C_{be}^{e_i,s}(t_0) - TV_{be,ND}^{e_i}}{TV_{be,ND}^{e_i}}, & be_s^{e_i} \in be_{ND}^{e_i} \end{cases} \tag{3.9}$$

其中，$C_{\mathrm{be}_s}^{e_i}(t_0)$ 代表 t_0 时刻延误要素节点 e_i 所在的孕育环境中第 s 个环境因子 $\mathrm{be}_s^{e_i}$ 的能量值，$\mathrm{TV}_{\mathrm{be,W}}^{e_i}$、$\mathrm{TV}_{\mathrm{be,A}}^{e_i}$、$\mathrm{TV}_{\mathrm{be,O}}^{e_i}$ 和 $\mathrm{TV}_{\mathrm{be,ND}}^{e_i}$ 分别代表 e_i 所在的孕育环境中实时天气因素、机场运行条件因素、机场航班动态因素和自然灾害因素的稳定性阈值。当环境因子的能量值超过孕育环境稳定性阈值时，将使孕育环境因子活跃性能量 $\mathrm{ac}_{\mathrm{be}}^{e_i,s}$ 增加，此时 $\mathrm{ac}_{\mathrm{be}}^{e_i,s} \geqslant 1$。

在此基础上，考虑其他延误要素的蔓延影响及环境因子作用于供体因子和受体因子时产生的活跃性能量转移，$\mathrm{be}_s^{e_i}$ 的活跃性能量 $\mathrm{ac}_{\mathrm{be}}^{e_i,s}(t)$ 将随时间不断变化，则可将环境因子 $\mathrm{be}_s^{e_i}$ 的活跃性变化速率 $\mathrm{dac}_{\mathrm{be}}^{e_i,s}/\mathrm{d}t$ 表示为如下形式

$$\mathrm{dac}_{\mathrm{be}}^{e_i,s}/\mathrm{d}t = \sum_{p=1}^{a_{\mathrm{be}}^{e_i,s}} \mathrm{SPD}_{\mathrm{be}_s^{e_i} \leftarrow e_p}(t) - \mathrm{sp}_{\mathrm{be}}^{e_i,s} \cdot \mathrm{ac}_{\mathrm{be}}^{e_i,s}(t-1) \cdot \beta_{\mathrm{be}_s^{e_i}}^{t-t_i} \tag{3.10}$$

其中，$\mathrm{SPD}_{\mathrm{be}_s^{e_i} \leftarrow e_p}(t)$ 表示 t 时刻 $\mathrm{be}_s^{e_i}$ 受到其他延误要素 e_p 影响的因子蔓延状态，$1 \leqslant p \leqslant a_{\mathrm{be}}^{e_i,s}$，$a_{\mathrm{be}}^{e_i,s}$ 为对 $\mathrm{be}_s^{e_i}$ 产生蔓延影响的延误要素个数；$\mathrm{sp}_{\mathrm{be}}^{e_i,s}$ 表示 $\mathrm{be}_s^{e_i}$ 的活跃性能量转移系数，当 $\mathrm{be}_s^{e_i}$ 不对其他因子产生孕育感染作用时，$\mathrm{sp}_{\mathrm{be}}^{e_i,s}=0$。此外，由于时间迟滞效应的存在，$\mathrm{be}_s^{e_i}$ 不一定马上发生活跃性能量转移。设 $t_{p_{\mathrm{be}_s^{e_i}}}$ 为 $\mathrm{be}_s^{e_i}$ 发生活跃性能量转移需要经历的时间，t_i 为 $\mathrm{be}_s^{e_i}$ 活跃性能量形成的时刻，$t-t_i$ 为迟滞时间，$\beta_{\mathrm{be}_s^{e_i}}^{t-t_i}$ 为 $\mathrm{be}_s^{e_i}$ 的时间迟滞系数，若 $t-t_i < t_{p_{\mathrm{be}_s^{e_i}}}$，则 $\beta_{\mathrm{be}_s^{e_i}}^{t-t_i}=0$；若 $t-t_i \geqslant t_{p_{\mathrm{be}_s^{e_i}}}$，则 $\beta_{\mathrm{be}_s^{e_i}}^{t-t_i}=1$。因此，延误要素节点 e_i 所在孕育环境中第 s 个环境因子 $\mathrm{be}_s^{e_i}$ 的活跃性变化速率 $\mathrm{dac}_{\mathrm{be}}^{e_i,s}/\mathrm{d}t$ 受到其他延误要素对其产生的蔓延作用和自身活跃性能量转移的共同影响。

根据 e_i 所在孕育环境中 $n_{\mathrm{be}^{e_i}}$ 个环境因子之间的耦合作用关系，$\mathrm{be}^{e_i}=\overbrace{\{\mathrm{be}_1^{e_i},\mathrm{be}_2^{e_i},\cdots,\mathrm{be}_{n_{\mathrm{be}^{e_i}}}^{e_i}\}}^{n_{\mathrm{be}^{e_i}}}$，可将 t 时刻 $n_{\mathrm{be}^{e_i}}$ 个环境因子的整体活跃性 $\mathrm{ac}_{\mathrm{be}}^{e_i}(t)$ 表示为

$$\mathrm{ac}_{\mathrm{be}}^{e_i}(t) = \sum_{z=1}^{a_{\mathrm{be}}^{e_i}} \xi_z^{e_i,(s,p)} \cdot |\mathrm{ac}_{\mathrm{be}}^{e_i,s}(t-1) \cdot \mathrm{ac}_{\mathrm{be}}^{e_i,p}(t-1)| +$$

$$\sum_{z=1}^{b_{\mathrm{be}}^{e_i}} \xi_z^{e_i,(s,p,q)} \cdot |\mathrm{ac}_{\mathrm{be}}^{e_i,s}(t-1) \cdot \mathrm{ac}_{\mathrm{be}}^{e_i,p}(t-1) \cdot \mathrm{ac}_{\mathrm{be}}^{e_i,q}(t-1)| + \cdots +$$

$$\sum_{z=1}^{c_{\mathrm{be}}^{e_i}} \xi_z^{e_i,\overbrace{(s,p,q,\cdots,k)}^{v_{\mathrm{be}}^{e_i}}} \cdot \overbrace{|\mathrm{ac}_{\mathrm{be}}^{e_i,s}(t-1) \cdot \mathrm{ac}_{\mathrm{be}}^{e_i,p}(t-1) \cdots \mathrm{ac}_{\mathrm{be}}^{e_i,k}(t-1)|}^{v_{\mathrm{be}}^{e_i}}$$

$$\tag{3.11}$$

其中，$\xi^{e_i,(s,p)}$、$\xi^{e_i,(s,p,q)}$、$\cdots$、$\xi^{e_i,\overbrace{(s,p,q,\cdots,k)}^{v_{\mathrm{be}}^{e_i}}}$ 分别表示 e_i 所在孕育环境中两个因子、三个因子、$\cdots$、$v_{\mathrm{be}}^{e_i}$ 个因子之间耦合的耦合度；$a_{\mathrm{be}}^{e_i}$、$b_{\mathrm{be}}^{e_i}$、$\cdots$、$c_{\mathrm{be}}^{e_i}$ 分别表示 e_i 所在孕育环境中两个因子耦合的耦合个数、三个因子耦合的耦合个数、$\cdots$、$v_{\mathrm{be}}^{e_i}$ 个因子耦合的耦合个数，并且 $2 \leqslant v_{\mathrm{be}}^{e_i} \leqslant n_{\mathrm{be}^{e_i}}$，$s \neq p \neq q \neq k$。

（2）供体因子风险性

供体因子激活延误要素节点 e_i 是一种能量异变的过程,若供体因子在 t 时刻表现出能量异变或状态失常,其风险扩散属性将使延误要素节点 e_i 被激活。因此,供体因子风险性不仅与其当前时刻自身能量扩散概率有关,还与其当时蕴含的能量值有关。在相同能量扩散概率的情况下,供体因子蕴含的能量值越大,对 e_i 产生的破坏力越大,其激活后续延误要素节点 e_i 的可能性也越大。用 $\mathrm{IF}_{\mathrm{df}_s^{e_i}}$ 表示供体因子蕴含的能量值对供体因子风险性的影响函数,用 $r_{\mathrm{df}}^{e_i,s}(t_0)$ 表示 t_0 时刻与延误要素节点 e_i 相关的第 s 个供体因子 $\mathrm{df}_s^{e_i}$ 风险性能量,$\mathrm{df}_s^{e_i} \in \overbrace{\{\mathrm{df}_1^{e_i}, \mathrm{df}_2^{e_i}, \cdots, \mathrm{df}_{n_{\mathrm{df}^{e_i}}}^{e_i}\}}^{n_{\mathrm{df}^{e_i}}} \in \mathrm{DF}$,$n_{\mathrm{df}^{e_i}}$ 表示对 e_i 产生破坏作用的供体因子节点个数,则可将 t_0 时刻供体因子 $\mathrm{df}_s^{e_i}$ 的风险性能量 $r_{\mathrm{df}}^{e_i,s}(t_0)$ 表示为

$$r_{\mathrm{df}}^{e_i,s}(t_0) = P_{\mathrm{df}_s^{e_i}}(t_0) \cdot \mathrm{IF}_{\mathrm{df}_s^{e_i}}(t_0) = P_{\mathrm{df}_s^{e_i}}(t_0) \cdot \left(1 - e^{-\mu_{\mathrm{df}_s^{e_i}} \times C_{\mathrm{df}}^{e_i,s}(t_0)}\right) \tag{3.12}$$

其中,$P_{\mathrm{df}_s^{e_i}}(t_0)$ 表示 t_0 时刻 $\mathrm{df}_s^{e_i}$ 自身能量扩散概率,$\mu_{\mathrm{df}_s^{e_i}}$ 表示 $\mathrm{df}_s^{e_i}$ 的风险性随能量值变化的敏感度,$C_{\mathrm{df}}^{e_i,s}(t_0)$ 代表 t_0 时刻与 e_i 相关的第 s 个供体因子 $\mathrm{df}_s^{e_i}$ 的能量值。

在此基础上,考虑其他延误要素的蔓延影响及供体因子作用于受体因子时产生的风险性能量转移,$\mathrm{df}_s^{e_i}$ 的风险性能量 $r_{\mathrm{df}}^{e_i,s}(t)$ 将随时间不断变化,则可将供体因子 $\mathrm{df}_s^{e_i}$ 的风险性变化速率 $\mathrm{d}r_{\mathrm{df}}^{e_i,s}/\mathrm{d}t$ 表示为如下形式:

$$\mathrm{d}r_{\mathrm{df}}^{e_i,s}/\mathrm{d}t = \sum_{p=1}^{a_{\mathrm{df}}^{e_i,s}} \mathrm{SPD}_{\mathrm{df} \leftarrow e_p}^{e_i,s}(t) - \mathrm{sp}_{\mathrm{df}}^{e_i,s} \cdot r_{\mathrm{df}}^{e_i,s}(t-1) \cdot \beta_{\mathrm{df}_s^{e_i}}^{t-t_i} \tag{3.13}$$

其中,$\mathrm{SPD}_{\mathrm{df} \leftarrow e_p}^{e_i,s}(t)$ 表示 t 时刻 $\mathrm{df}_s^{e_i}$ 受到其他延误要素 e_p 影响的因子蔓延状态,$1 \leqslant p \leqslant a_{\mathrm{df}}^{e_i,s}$,$a_{\mathrm{df}}^{e_i,s}$ 为对 $\mathrm{df}_s^{e_i}$ 产生蔓延影响的延误要素个数;$\mathrm{sp}_{\mathrm{df}}^{e_i,s}$ 表示 $\mathrm{df}_s^{e_i}$ 的风险性能量转移系数,当 $\mathrm{df}_s^{e_i}$ 不对其他因子产生破坏作用时,$\mathrm{sp}_{\mathrm{df}}^{e_i,s} = 0$。此外,由于时间迟滞效应的存在,$\mathrm{df}_s^{e_i}$ 不一定马上发生风险性能量转移。设 $t_{p_{\mathrm{df}_s^{e_i}}}$ 为 $\mathrm{df}_s^{e_i}$ 发生风险性能量转移需要经历的时间,t_i 为 $\mathrm{df}_s^{e_i}$ 风险性能量形成的时刻,$t-t_i$ 为迟滞时间,$\beta_{\mathrm{df}_s^{e_i}}^{t-t_i}$ 为 $\mathrm{df}_s^{e_i}$ 的时间迟滞系数,若 $t-t_i < t_{p_{\mathrm{df}_s^{e_i}}}$,则 $\beta_{\mathrm{df}_s^{e_i}}^{t-t_i} = 0$,若 $t-t_i \geqslant t_{p_{\mathrm{df}_s^{e_i}}}$,则 $\beta_{\mathrm{df}_s^{e_i}}^{t-t_i} = 1$。因此,与延误要素节点 e_i 相关的第 s 个供体因子 $\mathrm{df}_s^{e_i}$ 的风险性变化速率 $\mathrm{d}r_{\mathrm{df}}^{e_i,s}/\mathrm{d}t$ 受到其他延误要素对其产生的蔓延作用和自身风险性能量转移的共同影响。

根据与 e_i 相关的 $n_{\mathrm{df}^{e_i}}$ 个供体因子之间的耦合作用关系,$\mathrm{df}^{e_i} = \overbrace{\{\mathrm{df}_1^{e_i}, \mathrm{df}_2^{e_i}, \cdots, \mathrm{df}_{\mathrm{df}^{e_i}}^{e_i}\}}^{n_{\mathrm{df}^{e_i}}}$,可将 t 时刻 $n_{\mathrm{df}^{e_i}}$ 个供体因子的整体风险性 $r_{\mathrm{df}}^{e_i}(t)$ 表示为

$$r_{\mathrm{df}}^{e_i}(t) = \sum_{z=1}^{a_{\mathrm{df}}^{e_i}} \eta_z^{e_i,(s,p)} \cdot \left| r_{\mathrm{df}}^{e_i,s}(t-1) \cdot r_{\mathrm{df}}^{e_i,p}(t-1) \right| +$$

$$\sum_{z=1}^{b_{df}^{e_i}} \eta_z^{e_i, (s, p, q)} \cdot \left| r_{df}^{e_i, s}(t-1) \cdot r_{df}^{e_i, p}(t-1) \cdot r_{df}^{e_i, q}(t-1) \right| + \cdots +$$

$$\sum_{z=1}^{c_{df}^{e_i}} \eta_z^{e_i, \overbrace{(s, p, q, \cdots, k)}^{v_{df}^{e_i}}} \cdot \left| \overbrace{r_{df}^{e_i, s}(t-1) \cdot r_{df}^{e_i, p}(t-1) \cdots r_{df}^{e_i, k}(t-1)}^{v_{df}^{e_i}} \right| \qquad (3.14)$$

其中，$\eta_z^{e_i, (s, p)}$、$\eta_z^{e_i, (s, p, q)}$、$\cdots$、$\eta_z^{e_i, \overbrace{(s, p, q, \cdots, k)}^{v_{df}^{e_i}}}$ 分别表示与 e_i 相关的供体因子中两个因子、三个因子、$\cdots$、$v_{df}^{e_i}$ 个因子之间耦合的耦合度；$a_{df}^{e_i}$、$b_{df}^{e_i}$、$\cdots$、$c_{df}^{e_i}$ 分别表示与 e_i 相关的供体因子中两个因子耦合的耦合个数、三个因子耦合的耦合个数、$\cdots$、$v_{df}^{e_i}$ 个因子耦合的耦合个数，并且 $2 \leqslant v_{df}^{e_i} \leqslant n_{df^{e_i}}, s \neq p \neq q \neq k$。

（3）受体因子脆弱性

研究延误要素节点 e_i 的脆弱性就是将其作为受体因子，转化为研究受体因子脆弱性问题，此时 $rf_s^{e_i} = e_i, s = 1$。受体因子脆弱性是指延误要素节点 e_i 的激活响应程度，主要与其在面对所在孕育环境感染和相关供体因子破坏时的自身反应敏感性以及抵抗激活阈值有关。设 t_0 时刻延误要素节点 e_i 受到孕育环境和供体因子影响发生能量激活的概率为 $P_{rf_s^{e_i}}$，$C_{rf}^{e_i}(t_0)$ 表示 t_0 时刻受体因子蕴含的能量值，$RP_{rf_1^{e_i}}$ 为延误要素节点 e_i 的抵抗激活阈值，则可将 t_0 时刻延误要素节点 $e_i (e_i = rf_s^{e_i})$ 的脆弱性能量 $v_{rf}^{e_i}(t_0)$ 表示为

$$v_{rf}^{e_i}(t_0) = P_{rf_s^{e_i}}(t_0) \cdot C_{rf}^{e_i}(t_0) - RP_{rf_s^{e_i}} \qquad (3.15)$$

此外，受体因子 $rf_s^{e_i}$ 的脆弱性能量 $v_{rf}^{e_i}(t)$ 变化与其上一时刻的因子激活度 $d_{act}^{e_i}(t-1)$ 有关。设延误要素轻度激活阈值为 AW_{mild}，重度激活阈值为 $AW_{serious}$，则 t 时刻受体因子 $rf_s^{e_i}$ 的脆弱性能量 $v_{rf}^{e_i}(t)$ 可用分段函数表示为

$$v_{rf}^{e_i}(t) = \begin{cases} P_{rf_s^{e_i}}(t) \cdot C_{rf}^{e_i}(t_0) \cdot (2 - e^{-\tau_e}) - RP_{rf_s^{e_i}}, & d_{act}^{e_i}(t-1) \leqslant AW_{mild} \\ P_{rf_s^{e_i}}(t) \cdot C_{rf}^{e_i}(t_0) \cdot (1 + \tau_e) - RP_{rf_s^{e_i}}, & AW_{mild} < d_{act}^{e_i}(t-1) \leqslant AW_{serious} \\ P_{rf_s^{e_i}}(t) \cdot C_{rf}^{e_i}(t_0) \cdot e^{\tau_e} - RP_{rf_s^{e_i}}, & d_{act}^{e_i}(t-1) > AW_{serious} \end{cases}$$

$$(3.16)$$

其中，用 τ_e 表示脆弱能量恶化系数，$\tau_e \in (0, 1)$。在 $t-1$ 时刻，若 $d_{act}^{e_i}(t-1) \leqslant AW_{mild}$，则 $rf_s^{e_i}$ 上一时刻处于被轻度激活状态，此时 $rf_s^{e_i}$ 的能量值将以 $2 - e^{-\tau_e}$ 的幅度发生恶化，并受到自我修复作用影响；若 $AW_{mild} < d_{act}^{e_i}(t-1) \leqslant AW_{serious}$，则 $rf_s^{e_i}$ 上一时刻处于被中度激活状态，此时 $rf_s^{e_i}$ 的能量值将随时间进一步恶化，恶化幅度为 $1 + \tau_e$；若 $AW_{serious} < d_{act}^{e_i}(t-1) < 1$，则 $rf_s^{e_i}$ 上一时刻处于被重度激活状态，此时 $rf_s^{e_i}$ 的能量值将随时间以 e^{τ_e} 的幅度进一步恶化。由此可见，受体因子的抵抗激活阈值影响受体因子脆弱与否的最终结果，其抵抗激活阈值越大，受体因子脆弱性越小。此外，受体因子上一时刻的激活程度决定了其脆弱性变化趋势。

2. 延误要素因子蔓延状态

延误要素因子蔓延状态用来描述延误要素在持续动力演化过程中表现出的蔓延状态响应,表示为 $\text{SPD}_{\leftarrow}$,反映了航班延误蔓延链式系统内某一延误要素受到其他延误要素影响的激活演化行为。设 e_i 和 e_j 为两个延误要素节点,且 e_j 受到 e_i 持续动力演化影响,则 t 时刻 e_j 受到 e_i 影响的因子蔓延状态 $\text{SPD}_{e_j \leftarrow e_i}(t)$ 可表示为

$$\text{SPD}_{e_j \leftarrow e_i}(t) = I_{e_i} \cdot \text{VEN}_{e_i}(t) \cdot P_{R^{e_i,e_j}} \cdot \beta_j^{t-t_i} \cdot \text{VEN}_{e_j}(t) \tag{3.17}$$

其中,I_{e_i} 代表 e_i 的蔓延触发强度,即 e_i 以 I_{e_i} 的比例对 e_j 产生蔓延触发作用;$\text{VEN}_{e_i}(t)$ 和 $\text{VEN}_{e_j}(t)$ 分别为 e_i 和 e_j 在 t 时刻的活跃性、风险性或脆弱性;$P_{R^{e_i,e_j}}$ 表示 e_i 到 e_j 的交互路径边 R^{e_i,e_j} 的连接概率,若延误效应在 e_i 的影响下蔓延到 e_j,则 $P_{R^{e_i,e_j}}=1$,否则 $P_{R^{e_i,e_j}}=0$。由于时间迟滞效应的存在,e_i 不一定马上使 e_j 发生蔓延响应。设 $t_{p_{e_i}}$ 为 e_i 使 e_j 发生蔓延响应需要经历的时间,t_i 为 e_i 开始影响 e_j 的时刻,$t-t_i$ 为迟滞时间,$\beta_j^{t-t_i}$ 为 e_j 的时间迟滞系数,若 $t-t_i < t_{p_{e_i}}$,则 $\beta_j^{t-t_i}=0$;若 $t-t_i \geqslant t_{p_{e_i}}$,则 $\beta_j^{t-t_i}=1$。若 $e_i \in \text{BE}, e_j \in \text{BE}$,则 $\text{VEN}_{e_i}(t)=\text{ac}_{\text{be}}^{e_i}(t)$,$\text{VEN}_{e_j}(t)=\text{ac}_{\text{be}}^{e_j}(t)$;若 $e_i \in \text{DF}, e_j \in \text{DF}$,则 $\text{VEN}_{e_i}(t)=r_{\text{df}}^{e_i}(t)$,$\text{VEN}_{e_j}(t)=r_{\text{df}}^{e_j}(t)$;若 $e_i \in \text{RF}, e_j \in \text{RF}$,则 $\text{VEN}_{e_i}(t)=v_{\text{rf}}^{e_i}(t)$,$\text{VEN}_{e_j}(t)=v_{\text{rf}}^{e_j}(t)$。

3.3　航班动态级联延误蔓延动力学机制

3.3.1　航空运输网络构建及航班动态级联延误内涵

航班延误蔓延链式系统中的航班延误链式波及可以看作是由延误要素演化网络中某个或某些延误要素触发,导致航班状态演化网络中一个航班延误启动另一个或多个相关航班延误,进而引发一系列航班相继发生级联延误的动态现象。在此过程中,延误要素演化网络不断地有新延误要素对航班状态演化网络中的航班进行外部扰动,通过图 3.2 中的层间耦合交互边使初始延误在航班状态演化网络中朝多个蔓延方向呈辐射状发展,形成航空运输网络中航班延误链式蔓延行为。同时,航班之间接连运行、相互影响,在相同时空范围内与相关航班进行各种资源共享,例如,航空器共享、旅客共享、机组人员共享、停机位共享、跑道共享等,形成彼此联系并制约的延误链式蔓延反馈动态系统。因此,需要构建考虑航班关联和资源共享的航空运输"机场-航班-资源"网络(AFRN)来刻画航班延误蔓延链式系统中错综复杂的延误链式蔓延过程。在考虑航班之间资源共享的情况下,将航班延误双层耦合交互蔓延网络(Two-Layer CIPN)中的顶层航班状态演化网络 G_{FSEN} 看作由机场子网络 G_{A}、航班子网络 G_{F} 和资源子网络 G_{RS} 共同构成的多网络联合响应系统,即将航班状态演化网络改进为航空运输"机场-航班-资源"网络,$G_{\text{FSEN}}=G_{\text{A}} \bigcup G_{\text{F}} \bigcup G_{\text{RS}}$,如图 3.14 所示。

航空运输"机场-航班-资源"网络(AFRN)由 2 类节点和 3 类连接边组成,记为

$$G_{\text{FSEN}} = \{(U_{\text{A}} \bigcup U_{\text{F}}), (V_{\text{A}} \bigcup V_{\text{F}} \bigcup V_{\text{RS}})\}$$

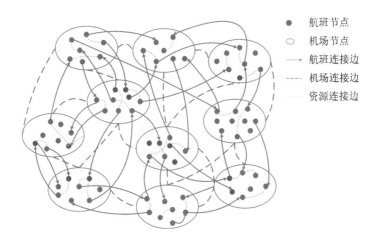

图 3.14　航空运输"机场-航班-资源"网络示意图

其中,U_A 表示机场节点集合,$U_A = \{A_1, A_2, \cdots, A_{na}\}$,$A_i$ 表示第 i 个机场节点,na 表示机场节点个数;U_F 表示航班节点集合,$U_F = \{F_1, F_2, \cdots, F_{nf}\}$,$F_i$ 表示第 i 个航班节点,nf 表示航班节点个数,特别地,用 $F_j^{A_i}$ 表示 A_i 机场中的第 j 个航班;V_A 表示通航机场之间的机场连接边集合,$V_A = \{\overbrace{L_{A_1, A_2}, L_{A_2, A_3}, \cdots, L_{A_{na-1}, A_{na}}}^{nva}\}$,$L_{A_i, A_j}$ 表示第 i 个机场节点 A_i 和第 j 个机场节点 A_j 之间的连接边,nva 表示通航机场的机场连接边个数;V_F 表示连续航班之间的航班连接边集合,$V_F = \{\overbrace{L_{F_1, F_2}, L_{F_2, F_3}, \cdots, L_{F_{nf-1}, F_{nf}}}^{nvf}\}$,$L_{F_i, F_j}$ 表示第 i 个航班节点 F_i 和第 j 个航班节点 F_j 之间的连接边,nvf 表示连续航班的航班连接边个数;V_{RS} 表示存在资源共享的航班之间的资源连接边集合,$V_{RS} = \{\overbrace{L_{RS(F_1, F_2)}, L_{RS(F_2, F_3)}, \cdots, L_{RS(F_{nf-1}, F_{nf})}}^{nvrs}\}$,$L_{RS(F_i, F_j)}$ 表示 F_i 和 F_j 之间存在资源共享的资源连接边,nvrs 表示存在资源共享的航班之间的资源连接边个数。

可见,该航空运输"机场-航班-资源"网络是由机场有向连接子网络、航班有向连接子网络和资源无向连接子网络组成的,由此可得

$$G_A^d = \{U_A, V_A\}, \quad G_F^d = \{U_F, V_F\}, \quad G_{RS}^{ud} = \{U_F, V_{RS}\}$$

进而可建立机场有向连接子网络连接矩阵 $\boldsymbol{M}_A^d = [a_{ij}^A]_{na \times na}$,航班有向连接子网络连接矩阵 $\boldsymbol{M}_F^d = [a_{ij}^F]_{nf \times nf}$,资源无向连接子网络连接矩阵 $\boldsymbol{M}_{RS}^{ud} = [a_{ij}^{RS}]_{nf \times nf}$,$a_{ij}^A$、$a_{ij}^F$ 和 a_{ij}^{RS} 分别表示机场节点、航班节点和资源节点连接强度,如果节点 i 和节点 j 之间存在连接边,则 $a_{ij}^A = 1$ 或 $a_{ij}^F = 1$ 或 $a_{ij}^{RS} = 1$,否则 $a_{ij}^A = 0$ 或 $a_{ij}^F = 0$ 或 $a_{ij}^{RS} = 0$。

随着航空运输量的不断增加,航班计划安排得越来越密集,使得航班有向连接子网络中的航班节点之间依赖和关联交互程度越来越高,导致机场有向连接子网络中的机场节点出现大面积延误的可能性越来越大,波及范围也越来越广。因此,可将航空运输"机场-航班-资源"网络中航班延误的形成和蔓延过程分为以下 3 个阶段:

① 航班延误形成阶段:在航空运输"机场-航班-资源"网络中的某些关键机场节点或关键航班节点最先发生延误,这些初始延误在空间上相互独立。

② 航班延误蔓延阶段：由于航空运输"机场-航班-资源"网络中某些航班节点之间存在关联性，使机场节点之间产生传播耦合关系，初始延误的航班节点或机场节点通过航班连接边、机场连接边或资源连接边在航空运输"机场-航班-资源"网络中蔓延，导致网络中的其他航班或其他机场发生次生、衍生延误。

③ 航班延误恶化阶段：从网络空间分布角度看，若延误没有得到及时有效地控制及恢复，它将从点延误发展到线延误最终蔓延为面延误，从而形成网络中众多航班或机场大面积延误。

从 3 个阶段整体来看，当航空运输"机场-航班-资源"网络中某个机场节点 A_i 中的第 j 个航班 $F_j^{A_i}$ 受到延误要素演化网络中某个被激活的延误要素干扰时，会促使航班延误双层耦合交互蔓延网络中层间耦合交互边逐渐形成，使初始延误在航空运输"机场-航班-资源"网络中以航班链、资源链、机场链为传播媒介，经过连锁性扩散演化，蔓延传播至航班子网络中的大部分航班节点，最终引发多个机场节点的大面积延误现象。基于动力学的观点，可将这种一连串相继延误的蔓延性动力学过程称为航班动态级联延误，如图 3.15 所示。

| 航班延误形成阶段 | 航班延误蔓延阶段 | 航班延误恶化阶段 |

图 3.15　航空运输"机场-航班-资源"网络中航班动态级联延误过程

从以上 3 个阶段可以看出，航空运输"机场-航班-资源"网络发生航班动态级联延误需要具备两个条件：一是航空运输"机场-航班-资源"网络中的某个机场节点或某个航班节点受到延误要素演化网络中被激活的延误要素干扰。这种对航班正常运行产生的干扰可能是多种延误要素造成的，例如，某片空域有军航活动、某航班进离港时发生停机位冲突、某机场节点天气条件恶劣不适宜航班起降。因此，所有机场节点和航班节点都需要满足一定的运行能力和运行条件限制。二是航空运输"机场-航班-资源"网络中航班节点之间存在关联性、机场节点之间具有耦合关系。这种关联有可能是实体关联，例如，航空器关联、机组关联和旅客关联；也有可能是航班之间存在运行保障资源共享，例如，机场是提供航班运行保障设施等相关服务的场地，机场内的进离港航班存在跑道、滑行道和停机位等资源共享，某航班的资源长时间占用会对其他使用该资源的航班造成影响，这种影响将通过航班在网络中多个机场之间的运行往返与其他一个或多个机场产生关联，形成延误传播路径。

3.3.2　航班动态级联延误触发策略

航班延误形成和蔓延初始阶段，航空运输"机场-航班-资源"网络中的某些关键机场节点或关键航班节点往往最先发生延误，而这些初始发生的延误在空间上可能是相互独立的。接下来，这些初始延误的机场或航班如何进一步影响网络中其他节点，进而在网络中发生延误蔓延关系到延误效应的最终波及范围和波及程度，也就是要建立航班动态级联延误的触发策略。

通常情况下，航班动态级联延误触发方式有 3 种：随机性触发延误（RTD）、针对性触发延误（TTD）和相关性触发延误（CTD）。RTD 方式是指延误要素演化网络中被激活的延误要素随机作用于航空运输"机场-航班-资源"网络中的某个节点，即在被激活的延误要素与随机选取的某个机场节点或航班节点之间形成层间耦合交互边，使机场节点或航班节点发生延误。TTD 方式是指延误要素演化网络中被激活的延误要素作用于航空运输"机场-航班-资源"网络中某些关键节点，即在被激活的延误要素与某些关键机场节点或关键航班节点之间形成层间耦合交互边，使这些关键机场节点或关键航班节点发生延误。CTD 方式是指某些机场节点或航班节点发生初始延误后，与延误节点相关的节点陆续触发延误，例如，与延误航班有资源共享的航班、延误航班的后续航班、与延误航班具有相同航班连接边的航班、延误机场的进离港航班及延误机场的进离港航班所在机场。

由于航空运输"机场-航班-资源"网络中的各个节点具有不同的航班运输能力，不同机场节点或航班节点受到被激活的延误要素干扰并发生航班延误时，其产生的延误效应往往会不同程度地波及至其他机场或其他航班，从而影响航空运输网络中大部分航班正常运行。在我国民航运输网络中，枢纽机场是航空客货运的集散中心，大部分航班起降架次及旅客吞吐量主要集中在少数枢纽机场，其高比例的中转业务和高效的航班衔接能力，使这些机场的正常运行直接影响着整个航空网络的运行效率。此外，在航班运输需求不断增加的背景下，越来越多的航班需要连续执行多个航段的飞行任务，这种多航段航班的正常运行将关乎到其所在航班链上的其他航班的运行情况。可见，不同类型的机场和不同航段数量的航班发生航班延误对整个网络中航班运行效率和延误蔓延趋势的影响程度各异。因此，需要建立同时考虑网络结构和航班动态连接性的航班动态级联延误触发策略。根据国家交通运输部和中国民用航空局官方文件[61]，国内枢纽机场由 3 大门户复合枢纽机场、8 大区域性枢纽机场构成，另有重点布局的 12 大干线机场，据此将航空运输"机场-航班-资源"网络进行进一步细分为：

① 对于机场节点集合，将我国民航运输网络的所有通航机场表示为

$$U_A = U_A^{3CHub} \bigcup U_A^{8RHub} \bigcup U_A^{12Main} \bigcup U_A^{other}$$

其中，U_A^{3CHub} 表示 3 大门户复合枢纽机场集合，$U_A^{3CHub} = \{A_1^{3CHub}, A_2^{3CHub}, \cdots, A_{na\_3CHub}^{3CHub}\}$，na_3CHub 代表 3 大门户复合枢纽机场个数，na_3CHub=3；U_A^{8RHub} 表示 8 大区域性枢纽机场集合，$U_A^{8RHub} = \{A_1^{8RHub}, A_2^{8RHub}, \cdots, A_{na\_8RHub}^{8RHub}\}$，na_8RHub 代表 8 大区域性枢纽机场个数，na_8RHub=8；U_A^{12Main} 表示 12 大干线机场集合，$U_A^{12Main} = \{A_1^{12Main}, A_2^{12Main}, \cdots, A_{na\_12Main}^{12Main}\}$，na_12Main 代表 12 大干线机场个数，na_12Main=12。U_A^{other} 表示其他机场集合，$U_A^{other} = \{A_1^{other}, A_2^{other}, \cdots, A_{na\_other}^{other}\}$，na_other 代表其他机场个数。na_3CHub + na_8RHub + na_12Main + na_other = na。

② 对于航班节点集合，将我国民航运输网络的运输航班分为单航段航班和多航段航班，即

$$U_F = U_F^{single\_seg} \bigcup U_F^{multi\_seg}$$

其中，$U_F^{single\_seg}$ 表示单航段航班集合，$U_F^{single\_seg} = \{F_1^{single\_seg}, F_2^{single\_seg}, \cdots, F_{nf\_single\_seg}^{single\_seg}\}$，nf_single_seg 表示单航段航班个数，特别地，用 $F_j^{A_i^{3CHub}, single\_seg}$ 表示第 i 个三大门户复合枢纽机场 A_i^{3CHub} 中的第 j 个单航段航班；$U_F^{multi\_seg}$ 表示多航段航班集合，$U_F^{multi\_seg} = \{F_1^{multi\_seg}, F_2^{multi\_seg}, \cdots, F_{nf\_multi\_seg}^{multi\_seg}\}$，nf_multi_seg 表示多航段航班个数，特别地，用 $F_j^{A_i^{3CHub}, multi\_seg}$ 表示第 i 个三大门户复合枢纽机场 A_i^{3CHub} 中的第 j 个多航段航班。nf_single_seg + nf_multi_seg = nf。

基于此,可建立如下同时考虑网络结构和航班动态连接性的航班动态级联延误触发策略。

1. 基于 RTD 方式的机场节点和航班节点初始延误选取策略

（1）机场节点初始延误

延误要素演化网络中被激活的延误要素随机作用于航空运输"机场–航班–资源"网络中的某个机场节点。设 A_{i_delay} 表示航空运输"机场–航班–资源"网络中遭受延误的第 i 个机场节点,则 $A_{i\_delay}\in U_A$。

（2）航班节点初始延误

延误要素演化网络中被激活的延误要素随机作用于航空运输"机场–航班–资源"网络中的某个航班节点。设 F_{j_delay} 表示航空运输"机场–航班–资源"网络中遭受延误的第 j 个航班节点,则 $F_{j\_delay}\in U_F$。

2. 基于 TTD 方式的机场节点和航班节点初始延误选取策略

（1）机场节点初始延误

延误要素演化网络中被激活的延误要素作用于航空运输"机场–航班–资源"网络中的某个 3 大门户复合枢纽机场节点或 8 大区域性枢纽机场节点或 12 大干线机场节点。设 A_{i_delay} 表示航空运输"机场–航班–资源"网络中遭受延误的第 i 个机场节点,则 $A_{i\_delay}\in U_A^{3CHub}\bigcup U_A^{8RHub}\bigcup U_A^{12Main}$。

（2）航班节点初始延误

延误要素演化网络中被激活的延误要素作用于航空运输"机场–航班–资源"网络中的某个多航段航班节点。设 F_{j_delay} 表示航空运输"机场–航班–资源"网络中遭受延误的第 j 个航班节点,则 $F_{j\_delay}\in U_F^{multi\_seg}$。

3. 基于 CTD 方式的动态级联延误蔓延策略

（1）机场节点初始延误后的动态级联延误蔓延

航空运输"机场–航班–资源"网络中机场节点最先受到延误要素演化网络中被激活的延误要素干扰发生初始延误 A_{i_delay},如图 3.16 所示。

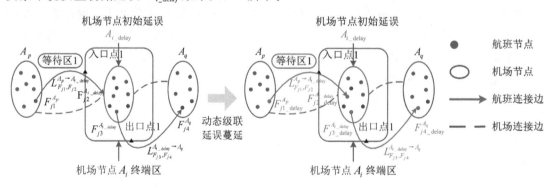

图 3.16　机场节点初始延误后的动态级联延误蔓延策略

若机场节点 A_i 由于被激活的延误要素干扰从 t_α 时刻到 t_β 时刻遭受初始延误,则该时段内该机场的进离港航班将分别产生进离港延误。机场节点 A_{i_delay} 的离港航班 $F_{j3}^{A_{i\_delay}}$ 由于无法离场,将通过航班连接边 $L_{F_{j3},F_{j4}}^{A_{i\_delay}\rightarrow A_q}$ 将延误传播到其目的地机场 A_q 的进港航班 $F_{j4\_delay}^{A_q}$；机场节点 A_{i_delay} 的进港航班 $F_{j2}^{A_{i\_delay}}$ 由于无法按计划进场,也许会滞留在始发机场 A_p,造成始发

机场 A_p 离港航班延误 $F^{A_p}_{j1\_delay}$ 和机场 A_{i_delay} 进港航班延误 $F^{A_{i\_delay}}_{j2\_delay}$，或在机场节点 A_{i_delay} 的终端区等待区盘旋排队等待降落，此时机场节点 A_{i_delay} 的延误将波及到进港航班的始发机场、目的地机场和该机场的终端区空域。

（2）航班节点初始延误后的动态级联延误蔓延

航空运输"机场–航班–资源"网络中航班节点最先受到延误要素演化网络中被激活的延误要素干扰发生初始延误 F_{i_delay}，如图 3.17 所示。

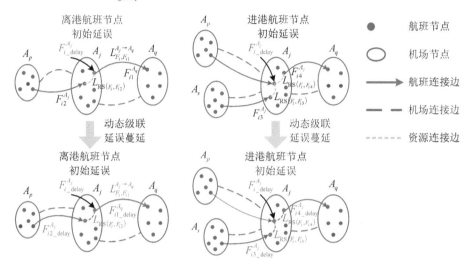

图 3.17　航班节点初始延误后的动态级联延误蔓延策略

若航班节点 F_i 由于被激活的延误要素干扰在 t_a 时刻遭受初始延误 F_{i_delay}，当航班节点 F_i 为某机场节点 A_j 的离港航班时，将通过航班连接边 $L^{A_j \to A_q}_{F_i, F_{i1}}$ 导致航班节点 F_i 的目的地机场 A_q 进港航班延误 $F^{A_q}_{i1\_delay}$，或由于跑道或停机位资源长时间占用等资源连接边 $L_{RS(F_i, F_{i2})}$ 导致机场 A_j 的进港航班延误 $F^{A_j}_{i2\_delay}$；当航班节点 F_i 为某机场节点 A_j 的进港航班时，将由于跑道或停机位资源占用等资源连接边 $L_{RS(F_i, F_{i3})}$ 导致机场 A_j 的其他进港航班延误 $F^{A_j}_{i3\_delay}$，或由于航空器、机组或旅客与其他航班的关联性，通过资源连接边 $L_{RS(F_i, F_{i4})}$ 导致机场 A_j 的其他离港航班延误 $F^{A_j}_{j4\_delay}$。

根据四种不同的初始延误选取策略，航空运输"机场–航班–资源"网络中的延误效应将在上述两种动态级联延误蔓延策略中交替演化，形成网络中航班动态级联延误蔓延的动力学扩散趋势，为探索真实情况下某机场或航班延误在网络中蔓延的动力演化机制提供延误扩散路径方向参考。

3.3.3　航班状态动态级联延误蔓延动力学模型

在航空运输网络航班动态级联延误蔓延过程中，无论最初受到延误要素干扰发生初始延误的是机场节点还是航班节点，航空运输"机场–航班–资源"网络中的动态级联延误最终还是体现在航班节点的运行状态上，只不过不同的初始延误选取策略导致网络中动态级联延误蔓延的趋势和程度不尽相同。本书中同时考虑了网络结构和动力学特性之间的相互作用，分析了被激活延误要素对航班节点扰动后引发网络其他航班节点次生、衍生延误的动态波动程度，并针对航班节点和航班连接边之间的耦合关联关系，建立了航空运输"机场-航班-资源"网络航班状态动态级联延误蔓延动力学模型，从而探索延误效应在网络中动态级联蔓延的动力演化机制。

将航空运输"机场-航班-资源"网络中的航班节点 F_i 赋予两种运行状态，即航班正常状态 F_{i_normal} 和航班延误状态 F_{i_delay}，由于被激活的延误要素干扰、航班动态级联延误蔓延机制和航班的自我修复及冗余调整能力，这两种航班状态之间可以相互转换，但对于同一个航班而言，同一时刻有且只有一种状态。由此可建立航空运输"机场-航班-资源"网络的航班状态转换 NDN 模型，即"正常（N）-延误（D）-正常（N）"模型，如图 3.18 所示。一方面，网络中处于正常状态的航班节点可能由于延误要素的影响成为初始延误航班节点，而转变为延误状态，也可能受到其他相关联的延误状态航班影响而转换为延误状态。另一方面，网络中处于延误状态的航班节点可能由于自身充足的冗余调整时间或自我修复能力，经过一定时间后转变为正常状态。

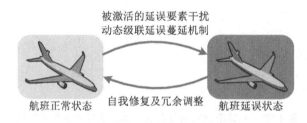

图 3.18　航班状态转换 NDN 模型

可见，航空运输"机场-航班-资源"网络中的航班节点同时具备自我修复能力和动态级联延误蔓延机制。其中，航班节点自我修复水平是指航班受到被激活的延误要素干扰处于延误状态时，随着时间变化逐渐通过其自我修复或冗余调节转变为正常状态的水平；而动态级联延误蔓延机制则指航班节点处于延误状态时，通过航班连接边或资源连接边的传播桥梁作用，将这种延误状态扩散至航空运输"机场-航班-资源"网络中其他航班节点的动态波及能力。当某航班节点受到延误要素干扰时，该节点可能由于自我修复水平的主导作用，使其逐渐恢复正常状态，而产生延误抑制效果；也可能由于动态级联延误蔓延机制的主导作用，使其延误程度和对其他航班的波及影响越来越严重，而产生延误扩散促进效果。基于此，可将航班动态级联延误蔓延动力学演化过程表示如下。

1. 航班节点状态值

将航班节点的状态值表示为 $x_{F_i}(i=1,2,\cdots,nf)$，当 x_{F_i} 小于航班延误状态激活阈值时，表示该航班节点 F_i 处于正常状态，否则表示该航班节点 F_i 处于延误状态。在航空运输"机场-航班-资源"网络中，用延误程度表示航班节点状态值 x_{F_i}，且 x_{F_i} 的值越大表示该航班节点 F_i 的延误程度越大。航班节点的延误程度与延误要素因子激活度、航班延误时间及延误恢复措施持续时间有关。在没有实施延误恢复措施时，航班节点的延误程度将随着延误时间的增长呈上升趋势；而延误恢复措施的实施将对航班节点的延误程度产生抑制作用，延误程度将随着延误恢复措施持续时间的增长而呈下降趋势。可将 t 时刻航班节点 F_i 的延误程度增长

值 $x_{F_i}^{\text{increase}}(t)$ 表示为

$$x_{F_{i\_dep}}^{\text{increase}}(t) = \begin{cases} \exp\left(\dfrac{t - T_{F_{i\_dep}}^{\text{scheduled}}}{60} \cdot d_{\text{act}}^{F_i}(t)\right) - 1, & d_{\text{act}}^{F_i}(t) < \text{AW}_{\text{mild}} \\[3mm] \dfrac{t - T_{F_{i\_dep}}^{\text{scheduled}}}{60} \cdot d_{\text{act}}^{F_i}(t), & \text{AW}_{\text{mild}} \leqslant d_{\text{act}}^{F_i}(t) < \text{AW}_{\text{serious}} \\[3mm] 1 - \exp\left(-\dfrac{t - T_{F_{i\_dep}}^{\text{scheduled}}}{60} \cdot d_{\text{act}}^{F_i}(t)\right), & d_{\text{act}}^{F_i}(t) \geqslant \text{AW}_{\text{serious}} \end{cases}$$

$$(3.18)$$

$$x_{F_{i\_arr}}^{\text{increase}}(t) = \begin{cases} \exp\left(\dfrac{t - T_{F_{i\_arr}}^{\text{scheduled}}}{60} \cdot d_{\text{act}}^{F_i}(t)\right) - 1, & d_{\text{act}}^{F_i}(t) < \text{AW}_{\text{mild}} \\[3mm] \dfrac{t - T_{F_{i\_arr}}^{\text{scheduled}}}{60} \cdot d_{\text{act}}^{F_i}(t), & \text{AW}_{\text{mild}} \leqslant d_{\text{act}}^{F_i}(t) < \text{AW}_{\text{serious}} \\[3mm] 1 - \exp\left(-\dfrac{t - T_{F_{i\_arr}}^{\text{scheduled}}}{60} \cdot d_{\text{act}}^{F_i}(t)\right), & d_{\text{act}}^{F_i}(t) \geqslant \text{AW}_{\text{serious}} \end{cases}$$

$$(3.19)$$

另外,可将 t 时刻航班节点 F_i 的延误程度衰减值 $x_{F_i}^{\text{decrease}}(t)$ 表示为

$$x_{F_{i\_dep}}^{\text{decrease}}(t) = \begin{cases} 1 - \exp\left(\dfrac{t_{F_{i\_dep}}^{\text{recovery}}}{60} \cdot d_{\text{act}}^{F_i}(t)\right), & d_{\text{act}}^{F_i}(t) < \text{AW}_{\text{mild}} \\[3mm] -\dfrac{t_{F_{i\_dep}}^{\text{recovery}}}{60} \cdot d_{\text{act}}^{F_i}(t), & \text{AW}_{\text{mild}} \leqslant d_{\text{act}}^{F_i}(t) < \text{AW}_{\text{serious}} \\[3mm] \exp\left(-\dfrac{t_{F_{i\_dep}}^{\text{recovery}}}{60} \cdot d_{\text{act}}^{F_i}(t)\right) - 1, & d_{\text{act}}^{F_i}(t) \geqslant \text{AW}_{\text{serious}} \end{cases}$$

$$(3.20)$$

$$x_{F_{i\_arr}}^{\text{decrease}}(t) = \begin{cases} 1 - \exp\left(\dfrac{t_{F_{i\_arr}}^{\text{recovery}}}{60} \cdot d_{\text{act}}^{F_i}(t)\right), & d_{\text{act}}^{F_i}(t) < \text{AW}_{\text{mild}} \\[3mm] -\dfrac{t_{F_{i\_arr}}^{\text{recovery}}}{60} \cdot d_{\text{act}}^{F_i}(t), & \text{AW}_{\text{mild}} \leqslant d_{\text{act}}^{F_i}(t) < \text{AW}_{\text{serious}} \\[3mm] \exp\left(-\dfrac{t_{F_{i\_arr}}^{\text{recovery}}}{60} \cdot d_{\text{act}}^{F_i}(t)\right) - 1, & d_{\text{act}}^{F_i}(t) \geqslant \text{AW}_{\text{serious}} \end{cases}$$

$$(3.21)$$

式(3.18)和式(3.20)分别表示离港航班节点 F_i 的延误程度增长值和衰减值,其中, $T_{F_{i\_dep}}^{\text{scheduled}}$ 代表 F_i 的计划离港时刻, $t_{F_{i\_dep}}^{\text{recovery}}$ 代表 F_i 经历的离港延误恢复措施持续时间。式(3.19)和式(3.21)分别表示进港航班节点 F_i 的延误程度增长值和衰减值,其中, $T_{F_{i\_arr}}^{\text{scheduled}}$ 代表 F_i 的计划进港时刻, $t_{F_{i\_arr}}^{\text{recovery}}$ 代表 F_i 经历的进港延误恢复措施持续时间。将航班节点 F_i 看作受体因子, $d_{\text{act}}^{F_i}(t)$ 代表 t 时刻其受到延误要素影响的因子激活度, AW_{mild} 和 $\text{AW}_{\text{serious}}$ 分别为轻度激活阈值和重度激活阈值,影响 F_i 的延误要素因子激活度处于不同的阈值区间将对航班延误程度产生不同的变化趋势。

2. 航班节点自我修复水平

当航班节点受到延误要素影响处于延误状态时,该节点的自我修复水平将发挥延误抑制

作用,促使其恢复到正常状态,这种使航班节点从延误状态恢复到正常状态的自我修复水平可表示为

$$\Delta x_{F_i}(t) = \frac{-(x_{F_i}^{\mathrm{increase}}(t) + x_{F_i}^{\mathrm{decrease}}(t))}{\tau_{F_i}(t)} \tag{3.22}$$

其中,$\Delta x_{F_i}(t)$表示考虑自我修复水平后F_i在t时刻的状态变化值,$\tau_{F_i}(t)$表示t时刻F_i的自我修复系数。

3. 航班节点动态级联延误蔓延机制

航班节点动态级联延误蔓延机制将发挥其延误扩散促进作用,使航班节点的延误状态根据航班之间的关联性扩散至网络中的其他航班节点。本书参考 BP 神经网络中常用的非线性作用函数 Sigmoid 函数来描述航班节点的动态级联延误蔓延机制,将t时刻延误航班节点F_i的动态级联延误蔓延函数$\Theta_{F_i}(x_{F_i}(t))$表示为

$$\Theta_{F_i}(x_{F_i}(t)) = \frac{1 - \exp(-\alpha \cdot x_{F_i}(t))}{1 + \exp[-\alpha \cdot (x_{F_i}(t) - \theta_{F_i})]} \tag{3.23}$$

其中,α代表增益参数,为定值,α越大,延误航班节点F_i的动态级联延误蔓延函数$\Theta_{F_i}(x_{F_i}(t))$曲线趋势越陡峭;θ_{F_i}为F_i的蔓延状态阈值。特别地,若t时刻F_i的状态值$x_{F_i}(t)=0$,不论增益参数α和蔓延状态阈值θ_{F_i}取何值,恒有$\Theta_{F_i}(x_{F_i}(t))=0$,即当航班节点为正常状态时,不考虑网络中航班节点之间的耦合作用影响。

4. 航空运输网络中相关航班对航班节点的耦合关联作用

由于航班节点的动态级联延误蔓延机制,航空运输"机场–航班–资源"网络中的其他航班节点将对F_i产生延误扩散促进作用。因此,航班延误波及过程中还要考虑航班节点之间通过航班连接边和资源连接边产生的耦合关联作用。可将其他相关航班对航班节点F_i的耦合关联作用$\Xi_{\to F_i}(t)$表示为

$$
\begin{aligned}
\Xi_{\to F_i}(t) &= x_{F_i}(t) \cdot \left(\sum_{p \neq i, L_{F_p,F_i} \in V_{\mathrm{F}}} f_{F_p,F_i}(t) + \sum_{q \neq i, q \neq p, L_{F_p,F_i} \in V_{\mathrm{RS}}} f_{F_q,F_i}(t) \right) \\
&= x_{F_i}(t) \cdot \sum_{p \neq i, L_{F_p,F_i} \in V_{\mathrm{F}}} \frac{a_{pi}^{\mathrm{F}}(t) \cdot \Theta_{F_p}(t - T_{pi}(t))}{f(\mathrm{nvf}_{\to i})} \cdot \exp\left(-\frac{\beta \cdot T_{pi}(t)}{\tau_{F_i}(t)}\right) + \\
&\quad x_{F_i}(t) \cdot \sum_{q \neq i, q \neq p, L_{F_p,F_i} \in V_{\mathrm{RS}}} \frac{a_{qi}^{\mathrm{RS}}(t) \cdot \Theta_{F_q}(t)}{f(\mathrm{nvrs}_{\to i})} \cdot \exp\left(-\frac{\beta}{\tau_{F_i}(t)}\right)
\end{aligned}
\tag{3.24}
$$

式中,等号右边第一项表示由于有向航班连接边的关联作用,即F_i的前序航班F_p对F_i的延误扩散作用;第二项表示由于无向资源连接边的关联作用,即与F_i有资源共享航班F_q对F_i的延误扩散作用。式(3.24)描述了在这两种关联作用的共同影响下航空运输"机场–航班–资源"网络中其他相关航班对F_i的动态级联延误蔓延动力学过程。在式(3.24)中,$a_{pi}^{\mathrm{F}}(t)$表示t时刻航班有向连接子网络连接矩阵中F_p与F_i的航班连接强度,$a_{qi}^{\mathrm{RS}}(t)$表示t时刻资源无向连接子网络连接矩阵中F_q与F_i的资源连接强度,如果节点i和节点j之间存在连接边,则$a_{ij}^{\mathrm{F}}=1$或$a_{ij}^{\mathrm{RS}}=1$;否则$a_{ij}^{\mathrm{F}}=0$或$a_{ij}^{\mathrm{RS}}=0$。F_i的前序航班节点F_p发生延误后往往会以$a_{pi}^{\mathrm{F}}(t)$为传播媒介,经过一定的时间延迟将延误效应蔓延到其后序航班节点F_i,$T_{pi}(t)$表示t时刻F_p将延误效应传播到F_i需要经历的时间迟滞因子。若F_p为机场节点A_s的离港航班,F_i

为机场节点 A_h 的进港航班,则 $T_{pi}(t)$ 为 F_p 从 A_s 到 A_h 的飞行时间;若 F_p 为机场节点 A_s 的进港航班,F_i 为该机场节点 A_s 的离港航班,则 $T_{pi}(t)$ 为 F_p 从 A_s 进港到从 A_s 离港的过站时间。$\Theta_{F_p}(t-T_{pi}(t))$ 为 F_i 的前序航班节点 F_p 在 $t-T_{pi}(t)$ 时刻的动态级联延误蔓延状态值。若 F_q 为与 F_i 有资源共享的航班,则 F_q 的延误效应会立刻蔓延到航班节点 F_i,而不需经过一定的时间延迟。因此,$\Theta_{F_q}(t)$ 为与 F_i 有资源共享的航班节点 F_q 在 t 时刻的动态级联延误蔓延状态值。β 表示延误效应在动态级联延误蔓延过程中的衰减系数,衰减系数越小,说明延误效应的动态级联延误蔓延强度越大。$\tau_{F_i}(t)$ 表示 t 时刻 F_i 的自我修复系数。$f(\mathrm{nvf}_{\to i})$ 为 t 时刻 F_i 的航班有向连接函数,表示 t 时刻航空运输"机场-航班-资源"网络中通过航班有向连接边与 F_i 相连的其他航班节点对 F_i 的延误蔓延影响能力。$f(\mathrm{nvrs}_{\leftrightarrow i})$ 为 t 时刻 F_i 的资源无向连接函数,表示 t 时刻航空运输"机场-航班-资源"网络中通过资源无向连接边与 F_i 相连的其他航班节点对 F_i 的延误蔓延影响能力。$f(\mathrm{nvf}_{\to i})$ 和 $f(\mathrm{nvrs}_{\leftrightarrow i})$ 分别表示为

$$f(\mathrm{nvf}_{\to i}) = \frac{a_{\mathrm{vf}} \cdot \mathrm{nvf}_{\to i}}{1 + b_{\mathrm{vf}} \cdot \mathrm{nvf}_{\to i}} \tag{3.25}$$

$$f(\mathrm{nvrs}_{\leftrightarrow i}) = \frac{a_{\mathrm{vrs}} \cdot \mathrm{nvrs}_{\leftrightarrow i}}{1 + b_{\mathrm{vrs}} \cdot \mathrm{nvrs}_{\leftrightarrow i}} \tag{3.26}$$

其中,$\mathrm{nvf}_{\to i}$ 为通过航班有向连接边与 F_i 相连的前序航班数量,$\mathrm{nvrs}_{\leftrightarrow i}$ 为通过资源无向连接边与 F_i 相连的所有航班数量,a_{vf}、b_{vf}、a_{vrs} 和 b_{vrs} 为定值。

因此,考虑航班节点之间的关联性、延误传播的时间动态和航班运行所需的各种资源共享性,可将航空运输"机场-航班-资源"网络的航班状态动态级联延误蔓延动力学模型表示为

$$\mathrm{d}x_{F_i}/\mathrm{d}t = \Delta x_{F_i}(t) + \Xi_{\to F_i}(t)$$

$$= \frac{-(x_{F_i}^{\mathrm{increase}}(t) + x_{F_i}^{\mathrm{decrease}}(t))}{\tau_{F_i}(t)} +$$

$$x_{F_i}(t) \cdot \sum_{p \neq i, L_{Fp}, F_i \in V_F} \frac{a_{pi}^{\mathrm{F}}(t) \cdot \Theta_{F_p}(t - T_{pi}(t))}{f(\mathrm{nvf}_{\to i})} \cdot \exp\left(-\frac{\beta \cdot T_{pi}(t)}{\tau_{F_i}(t)}\right) +$$

$$x_{F_i}(t) \cdot \sum_{q \neq i, q \neq p, L_{Fp}, F_i \in V_{\mathrm{RS}}} \frac{a_{qi}^{\mathrm{RS}}(t) \cdot \Theta_{F_q}(t)}{f(\mathrm{nvrs}_{\leftrightarrow i})} \cdot \exp\left(-\frac{\beta}{\tau_{F_i}(t)}\right)$$

$$\tag{3.27}$$

式(3.27)表示了航班节点在受到延误要素演化网络中被激活的延误要素触发后,由于自我修复能力和动态级联延误蔓延机制的综合影响,航班状态在航空运输"机场-航班-资源"网络中随时间扩散演化的蔓延动力学过程,实现了动态分析航空运输网络中某航班延误引发的次生、衍生延误波及趋势。

本章小结

本章运用系统动力学观点,将航空运输网络中的航班延误蔓延现象看作一个多向输入、多向输出、多因素干扰、多时空变化的动态演化系统,根据航班延误蔓延的动力学特征,将航班延误蔓延链式系统进行因素交互层划分;根据延误要素链式反应与航班状态动态级联演化之间的逻辑依赖关系,建立了航班延误双层耦合交互蔓延网络;从系统要素之间能量吸收与释放的

依赖关系角度,挖掘航班延误蔓延链式系统中的动态反馈结构,抽象出延误蔓延链式波及中的延误传播时间迟滞现象;分析延误要素之间动态交互产生的因子能量耦合效应,提出了表征延误蔓延促进和削弱作用的延误要素耦合方式,并探究延误蔓延链式波及的动力触发源头及动力传播支持;在此基础上,划分航班延误蔓延链式系统的动力耦合层次,分别建立了子系统之间和各子系统内部延误要素之间动力触发的非线性耦合函数;将底层延误要素演化网络作为航空运输网络中航班动态级联延误的动力触发源泉及事件导火索,通过分析延误要素链式演化的蔓延动力学机制,建立了延误要素链式耦合蔓延动力学模型,反映了航班状态破坏能量激发力度和延误要素之间链式响应行为。进而,底层延误要素演化网络激活作用将通过层间耦合交互边进行传导,使延误效应在顶层航班状态演化网络中动态级联蔓延,通过分析航班关联性、航班资源共享和多网络联合响应,提出了航班动态级联延误触发策略,建立了考虑航班自我修复能力和动态级联延误蔓延机制的航班状态动态级联延误蔓延动力学模型,探究航空运输网络中航班动态级联延误的蔓延动力学演化机理。

第4章 航空运输网络中航班延误蔓延动力学仿真

仿真提供了一种对不同假设情景进行测试和探索的安全方式,在对现实情景做出真实改变之前即可做出正确的选择。本书借助 Anylogic 仿真建模软件对航班延误蔓延链式系统进行仿真模拟,基于延误要素链式耦合蔓延动力学模型和航班状态动态级联延误蔓延动力学模型,分别从延误要素演化和航班状态演化两个仿真模块,构建航空运输网络航班延误蔓延动力学仿真模型。

延误要素演化仿真模块是该仿真模型中航班初始延误的驱动因素,该模块基于系统动力学建立延误要素链式反应蔓延动力学仿真模型,分析延误要素之间的交互作用机制和演化规律。在此基础上,根据延误要素演化仿真模块中各种延误要素交互后形成的延误因子激活度对航班状态的刺激作用,航班状态演化仿真模块基于智能体建立航班状态动态级联延误蔓延动力学仿真模型,分析延误因子激活度刺激对网络中航班延误蔓延程度和蔓延范围的影响,从而直观地反映延误效应在航班延误双层耦合交互蔓延网络中传播的动力学演化过程,实现对航空运输网络中航班动态级联延误蔓延机制的模拟。

4.1 航班延误蔓延链式系统仿真平台设计构思

基于系统动力学与基于智能体相结合的多方法仿真建模对航班延误蔓延链式系统进行的模拟,主要采用 Anylogic 仿真建模软件中的系统动力学和流程建模库,着眼于延误要素演化和航班状态演化两个方面,建立航空运输网络航班延误蔓延动力学仿真模型。通过仿真实验,模拟航空运输网络中航班延误动态、评估延误要素对航班状态和延误程度的扰动作用,从而针对不同初始延误为民航相关部门预测可能发生的航班延误形势、提前采取有效的航班延误预警机制和应对策略提供理论指导和事件推演平台。

为了真实模拟航空运输网络中航班状态动态级联延误的扩散路径和蔓延趋势,本书建立的航空运输网络航班延误蔓延动力学仿真模型实现以下仿真目标:

1. 准确模拟各延误要素之间的相互作用关系和反馈机制

从延误要素演化的系统观点角度,分析各种影响航班延误状态的延误要素之间的内在关系,并针对实际运行中航空运输网络航班延误波及情形,确定延误要素链式反应系统模型的边界。根据这些延误要素之间的互动关系和行为特点,描述其中蕴含的因果反馈关系和系统动力学触发机制;通过分析由延误要素之间因果关系形成的相互作用,确定延误要素链式反应蔓延动力学仿真模型的功能和行为。在此基础上,利用计算机仿真方法建立延误要素链式反应的系统动力学流图,用于模拟延误要素演化的非线性和多重反馈动态过程,以及量化延误因子激活度对航班状态变化的刺激作用。

2. 准确模拟航空运输网络中航班状态动态级联延误过程

结合航空运输网络中航班运行模式,在仿真模型中构建航空运输网络,并根据航班运行计划数据和航班之间动态关联性,设置航班运行逻辑流程。在航班运行中,导入由延误要素链式反应形成的延误因子激活度的刺激作用,判别延误因子激活度对航班正常运行状态的扰动作用,模拟延误航班由于航班关联和资源共享对航空运输网络中其他相关航班的波及影响,以及由其引发的一连串次生、衍生延误动态级联延误蔓延现象。

3. 有效评估航班动态级联延误触发策略对航空运输网络中航班延误蔓延趋势的影响

基于随机性触发延误、针对性触发延误和相关性触发延误原则,在航空运输网络航班延误蔓延动力学仿真模型中分别设置基于随机性触发延误和针对性触发延误的初始延误航班选取策略,根据相关性触发延误的动态级联延误蔓延策略运行仿真模型,实时记录不同策略下各个航班的运行状态数据以及延误蔓延分布规律,评估不同航班延误情景下航班延误蔓延的波及范围和影响程度。

为实现上述仿真目标,本书在建立航空运输网络航班延误蔓延动力学仿真模型时,分别设置延误要素演化仿真模块和航班状态演化仿真模块。

（1）延误要素演化仿真模块

延误要素演化仿真模块是航空运输网络航班延误蔓延动力学仿真模型中航班正常运行状态改变的驱动因素,该模块旨在基于系统动力学建立延误要素链式反应蔓延动力学仿真模型,从航班延误致因角度分析延误要素之间的动态交互关系和反馈机制,实现动态测度航班延误因子激活度的变化趋势。

（2）航班状态演化仿真模块

航班状态演化仿真模块是航空运输网络航班延误蔓延动力学仿真模型中航班延误波及的蔓延趋势向导,该模块旨在基于智能体建立航班状态动态级联延误蔓延动力学仿真模型,根据延误要素演化仿真模块中延误要素交互形成的延误因子激活度对航班状态改变的刺激作用,探讨航班延误蔓延程度及影响范围,实现动态模拟航空运输网络中航班延误的蔓延波及效应。

两个仿真模块在基于系统动力学与基于智能体相结合的多方法仿真建模的基础上,通过设置不同的航班延误情景,输出仿真实验对比结果,分析延误要素对航班延误状态的扰动和刺激作用,以及航班在不同的动态级联延误触发策略下受到延误因子激活度干扰后在航空运输网络中的动态级联延误蔓延的程度和范围,从而观测航空运输网络中航班运行状态和航班动态级联延误蔓延动力学过程,为航班延误波及的源头追溯和趋势推演提供了一个直观且快速有效的动态可视化平台。

基于此,本书建立如图 4.1 所示的航空运输网络航班延误蔓延动力学仿真建模流程图。

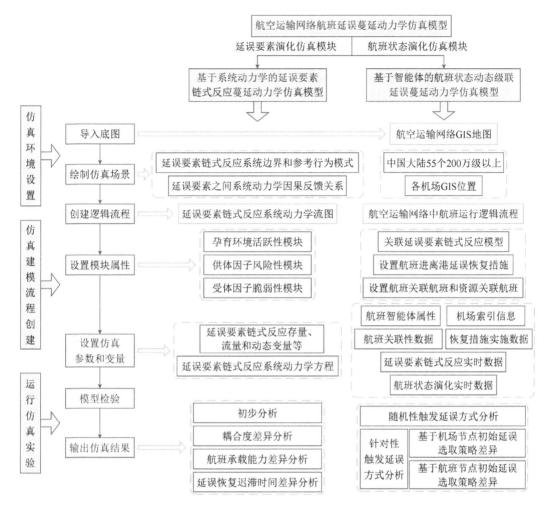

图 4.1　航空运输网络航班延误蔓延动力学仿真建模流程图

4.2　基于延误要素链式反应的延误要素演化仿真模块

4.2.1　系统边界及系统参考行为模式

　　系统动力学分析是基于系统中因素的耦合交互作用对整个系统行为进行动态分析,在建立系统动力学模型时要根据建模目的和需求确定哪些内容归入模型中,哪些内容不归入模型中,即确定系统边界,这是对所研究系统需要考虑的功能和不需要考虑的功能的划分。因此,为了研究多个延误要素耦合交互形成的航班延误因子激活度变化趋势,本书在采用系统动力学建模方法建立延误要素链式反应蔓延动力学仿真模型时,考虑触发航班延误的孕育环境子系统、供体因子子系统和受体因子子系统 3 个子系统之间的作用,并将其中涉及的某些关键延误要素纳入模型的系统边界,进而采用系统框图对该模型中需要考虑的各子系统之间耦合交互能量的流动关系进行描述,如图 4.2 所示。

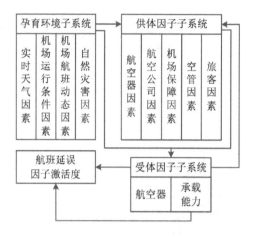

图 4.2　延误要素链式反应蔓延动力学仿真模型系统框图

图 4.2 中各子系统均包含几种不同方面的延误要素，致延动能在这些要素之间进行流动。根据系统动力学建模方法，致延动能首先在孕育环境中酝酿流出，形成供体因子或直接作用于受体因子。供体因子之间进行耦合并在孕育环境感染下形成多重耦合致延动能，在此过程中能量继续流动并作用于受体因子，导致航班延误因子激活度增加。此外，受体因子也会将致延动能反馈至供体因子，再次作用于新的受体因子，造成次生、衍生航班延误。在此过程中，受体因子的延误承载能力将对航班延误因子激活度产生削减作用，抑制致延动能的破坏强度。

航班延误事件的影响因素众多且影响程度不一，本书只考虑触发航班延误的关键因素，因此将延误要素链式反应蔓延动力学仿真模型的系统边界确定为：起飞机场实时天气影响因子、到达机场实时天气影响因子、航路天气影响因子；起飞机场运行条件因子、到达机场运行条件因子；起飞机场航班动态因子、到达机场航班动态因子；起飞机场自然灾害因子、到达机场自然灾害因子；航空器故障、航空器碰撞；航空公司保障工作负荷、航空公司航班调度效率、航班延误合并取消返航、航空器维修及故障排查效率；机场设施设备故障、机场保障工作负荷、机场安检廊桥摆渡车等保障时效、跑道滑行道停机位异物入侵；管制员人为差错、空中流量管制程度、管制员工作负荷、空中交通流量、管制员航班指挥效率；旅客晚登机、旅客拒绝登机霸占飞机、旅客群体性事件；航班延误承载能力。

为了得到与实际航班延误情景相吻合的系统行为，在建立延误要素链式反应蔓延动力学仿真模型之前，还需要提出期望的和设想的系统参考行为模式。延误要素链式反应中重要变量随时间的变化趋势，如图 4.3 所示，在模型构建过程中反复参考，作为改进和调整模型系统结构的目标。

通过分析实际航班运行中的各种延误事件，结合航班延误突发性和延误效应累积性的特点，作者认为航班延误因子激活度会呈现 S 型增长趋势，即链式反应前期延误要素演化迅速、响应范围广，航班延误因子激活度处于指数递增的蔓延扩散阶段，然而随着有关部门对航班延误的治理和航班自身对延误的冗

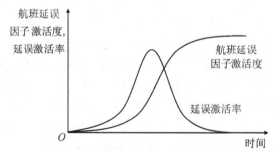

图 4.3　延误要素链式反应中重要变量随时间变化趋势

余调节能力,航班延误因子激活度呈现缓慢增长,延误激活率逐渐下降,最终延误要素对航班状态的激活程度趋于稳定。

4.2.2 延误要素链式反应蔓延动力学仿真模型因果关系分析

在明确了延误要素链式反应蔓延动力学仿真模型的系统边界后,为探索系统中的自反馈动力学机制,需要分析各子系统之间和延误要素之间的联系。在系统动力学建模方法中,延误要素之间的影响或联系称为因果关系,用因果关系图来表示。在延误要素链式反应蔓延动力学仿真模型中,延误要素耦合交互的因果关系形成了系统的延误激活行为。

延误要素链式反应蔓延动力学仿真模型因果关系如图 4.4 所示,在仿真模型中不仅孕育环境子系统、供体因子子系统和受体因子子系统之间存在交互联系,而且供体因子子系统中航空器因素、航空公司因素、机场因素、空管因素和旅客因素之间也存在延误要素的相互作用,这些子系统之间和延误要素之间的交互联系体现了延误要素链式反应蔓延动力学仿真模型中的因子耦合作用。由于航班延误因子激活度是在孕育环境活跃性、供体因子风险性和受体因子脆弱性的共同作用下形成的,所以这 3 个子系统共同影响着航班延误因子激活度的变化趋势。

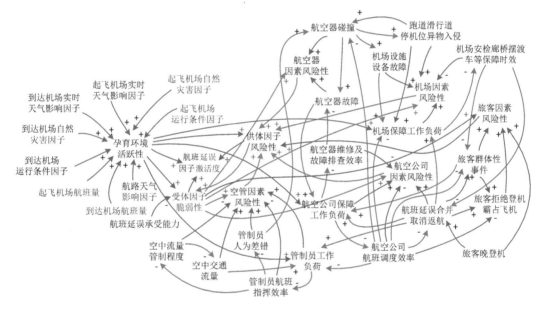

图 4.4 延误要素链式反应蔓延动力学仿真模型因果关系图

此外,延误要素链式反应蔓延动力学仿真模型中还存在多个反馈回路,这些反馈回路反映了模型中各个延误要素之间的依赖关系,将模型中的反馈回路列举如下:

Loop1:跑道滑行道停机位异物入侵+—航空器碰撞+

Loop2:航空器碰撞+—航空器故障+—航空公司保障工作负荷+—航空公司航班调度效率——管制员工作负荷——管制员航班指挥效率——管制员人为差错——航空器碰撞+

Loop3:航空器碰撞+—航空器故障+—航空公司保障工作负荷+—航空公司航班调度效率——航空器碰撞—

Loop4:航空器碰撞+—机场设施设备故障+—机场保障工作负荷+—机场安检廊桥摆渡车等保障时效——旅客群体性事件——航空公司保障工作负荷+—航空公司航班调度效率——航

空器碰撞－

　　Loop5：航空器故障＋—航空公司保障工作负荷＋—航空器维修及故障排查效率——航空器故障－

　　Loop6：航空公司保障工作负荷＋—航空公司航班调度效率——旅客群体性事件——航空公司保障工作负荷＋

　　Loop7：航班延误合并取消返航＋—航空公司保障工作负荷＋—航空公司航班调度效率——航班延误合并取消返航－

　　Loop8：航班延误合并取消返航＋—机场保障工作负荷＋—机场安检廊桥摆渡车等保障时效——航班延误合并取消返航－

　　Loop9：航班延误合并取消返航＋—机场保障工作负荷＋—机场安检廊桥摆渡车等保障时效——旅客群体性事件——航空公司保障工作负荷＋—航空公司航班调度效率——航班延误合并取消返航－

　　Loop10：管制员工作负荷＋—管制员航班指挥效率——空中流量管制程度——空中交通流量——管制员工作负荷＋

　　Loop11：航空公司航班调度效率＋—机场保障工作负荷——机场安检廊桥摆渡车等保障时效——旅客群体性事件——航空公司保障工作负荷＋—航空公司航班调度效率－

　　Loop12：航空器因素风险性＋—供体因子风险性＋—受体因子脆弱性＋—航空器因素风险性＋

　　Loop13：机场因素风险性＋—供体因子风险性＋—受体因子脆弱性＋—机场因素风险性＋

　　Loop14：航空公司因素风险性＋—供体因子风险性＋—受体因子脆弱性＋—航空公司因素风险性＋

　　Loop15：空管因素风险性＋—供体因子风险性＋—受体因子脆弱性＋—空管因素风险性＋

　　可见，延误要素链式反应蔓延动力学仿真模型中的反馈回路包含不同数量的延误要素，可根据反馈回路的动态反馈结构特点，将其分为扩散反馈和消耗反馈。扩散反馈回路促使延误要素的不稳定性逐渐增加，使其与原本稳定的状态偏差不断增大；而消耗反馈回路促使延误要素的不稳定性得到控制，使其逐渐趋于稳定平衡状态。通过分析每个延误要素的反馈特征，将Loop1、Loop2、Loop3、Loop4、Loop5、Loop6、Loop7、Loop8、Loop9、Loop11、Loop12、Loop13、Loop14、Loop15判定为扩散反馈回路，将Loop10判定为消耗反馈回路。

　　以反馈回路Loop2和Loop10为例，如图4.5所示，分析延误要素链式反应中的扩散反馈回路和消耗反馈回路。在扩散反馈回路Loop2中，航空器碰撞的增加使得航空器故障增加，从而促使航空公司保障工作负荷增加，这将导致航空公司航班调度效率下降；而航空公司航班调度效率下降将导致管制员工作负荷增加，从而促使管制员航班指挥效率下降，使得管制员人为差错的概率增加，最终又引发航空器碰撞率的递增。由此可见，扩散反馈回路是一种能量逐渐递增的反馈回路，其在不受到外部因素干扰时，某种延误要素被激活将使其能量逐渐增加并且不断扩散下去，例如，航空器碰撞率不断增加。在实际航班运行中，某个延误要素不可能始终发展循环下去，往往会受到外部因素或某些干预措施的影响，使延误要素能量发挥到某种情形后自动终止，使回路中的能量逐渐趋向稳定状态。在消耗反馈回路Loop10中，当管制员航班指挥效率下降时，空管部门将启动空中流量管制，使空中交通流量不断减少，从而降低管制员工作负荷，提高管制员航班指挥效率，最终促使消耗反馈回路中的能量逐渐趋于稳定。

　　在此基础上，为了直观地获取各个延误要素之间的因果作用关系，可采用原因树来进一步探究延误要素链式反应蔓延动力学仿真模型中延误要素之间的联系，通过追溯延误要素引发

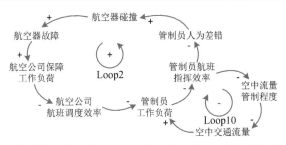

图 4.5 延误要素链式反应蔓延动力学仿真模型中扩散和消耗反馈回路图

的原因,逐级反向确定与其关联的其他前序延误要素,各子系统的原因树如图 4.6 所示。

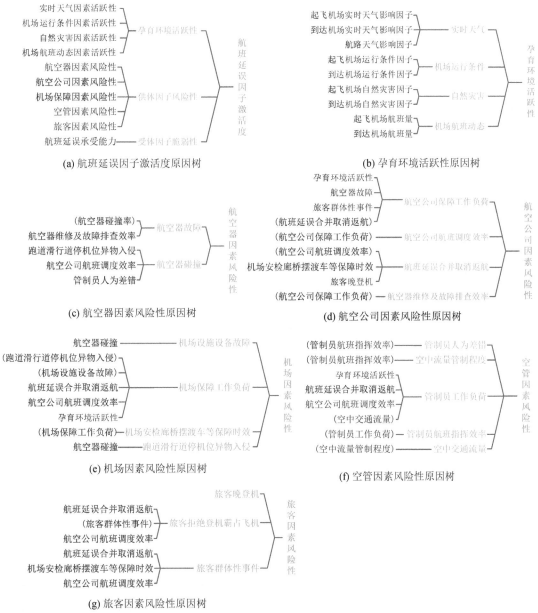

图 4.6 延误要素链式反应蔓延动力学仿真模型各子系统原因树

4.2.3 延误要素链式反应蔓延动力学仿真模型创建

延误要素链式反应的因果反馈回路和原因树实现了对系统中要素变化关系的静态分析，但这种静态分析还不能够完全准确描述延误要素链式反应回路中延误要素发生变化的动力学机制。为进一步明确延误要素链式反应中各个延误要素之间的耦合交互作用、量化延误要素变化趋势，在确定延误要素链式反应蔓延动力学仿真模型系统边界和因果关系的基础上，还需要动态剖析延误要素链式反应过程，通过建立系统动力学流图和方程实现蔓延动力学仿真模拟，获取延误要素链式反应的动态特征。为此，将延误要素链式反应蔓延动力学仿真模型涉及到的变量表示如下：

① 状态变量，即系统中随时间变化持续累积的变量。在延误要素链式反应蔓延动力学仿真模型中，延误要素对航班延误因子激活度产生持续性影响，使得航班延误因子激活度随着时间的持续变化不断累积。因此，可将航班延误因子激活度看作延误要素链式反应蔓延动力学仿真模型的状态变量。此外，各个供体因子形成的风险性变量也是随时间变化持续累积的量。因此，将航空器碰撞、航空公司保障工作负荷、管制员航班指挥效率等供体因子形成的风险性也看作状态变量。

② 速率变量，即导致状态变量发生改变的变量，也就是确定状态变量的输入率和输出率。在延误要素链式反应过程中，将孕育环境活跃性、供体因子风险性、受体因子脆弱性构成的延误激活率作为速率变量，将航班延误承载能力构成的延误损耗率作为另一速率变量，其中，延误激活率表示航班延误因子激活度的输入率，延误损耗率表示航班延误因子激活度的输出率，可参考式(3.8)。此外，将孕育环境和供体因子受到其他延误要素影响的因子蔓延状态看作活跃性或风险性变化的输入率，将孕育环境和供体因子产生的能量转移看作活跃性或风险性变化的输出率，可参考式(3.10)和式(3.13)。延误要素链式反应中的时间迟滞效应体现在能量转移和延误损耗部分，能量转移和延误损耗的快慢影响着延误的激活程度。

③ 辅助变量，即用来描述状态变量和速率变量之间的交互作用及依赖关系的变量。在延误要素链式反应蔓延动力学仿真模型中涉及较多辅助变量，主要有孕育环境活跃性、航空器因素风险性、航空公司因素风险性、机场因素风险性、空管因素风险性、旅客因素风险性、受体因子脆弱性、延误承载能力等，并分别建立对应的变量方程，其中孕育环境活跃性变量方程可参考式(3.9)、式(3.11)，供体因子风险性变量方程可参考式(3.12)、式(3.14)，受体因子脆弱性变量方程可参考式(3.15)、式(3.16)。

④ 常量，即不随时间变化发生改变的恒定量。在延误要素链式反应蔓延动力学仿真模型中，将反映各个延误要素之间交互程度的因子耦合度设为常量。此外，影响孕育环境活跃性的各个延误要素在反应过程中变化不大，也可设为常数。其他常量还有延误要素蕴含的能量、孕育环境稳定性阈值、能量转移系数、自身能量扩散概率、供体因子风险性随能量值变化的敏感度、受体因子能量激活的概率、受体因子抵抗激活阈值、脆弱能量恶化系数等。

通过引入上述状态变量、速率变量、辅助变量和常量，结合延误要素链式反应中各延误要素之间的耦合交互作用，采用 Anylogic 仿真软件系统动力学模块，构建了如图 4.7 所示的延误要素链式反应蔓延动力学仿真模型系统动力学流图，从而明确了延误要素之间的相互作用机制，将延误要素链式反应因果关系中无法体现的不同变量的性质区别反映出来，并通过量化系统动力学流图中延误要素之间的关系，实现对延误要素链式反应进行仿真的目的。

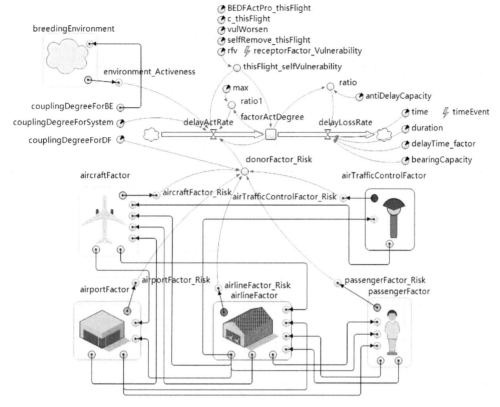

图 4.7　延误要素链式反应蔓延动力学仿真模型系统动力学流图

图 4.7 中可以看出,延误要素链式反应蔓延动力学仿真模型是在孕育环境活跃性、供体因子风险性、受体因子脆弱性交互耦合作用下形成的复杂系统。为了更好地展示模型结构特征,采用面向对象的分层方式,将延误要素链式反应蔓延动力学仿真模型中孕育环境子系统和供体因子子系统中的航空器因素、航空公司因素、机场因素、空管因素、旅客因素分别看作独立的逻辑部分,并模块化封装到不同的智能体类型中,只公开其接口作为"输入"或"输出"动态变量,各模块系统动力学流图如图 4.8 所示。

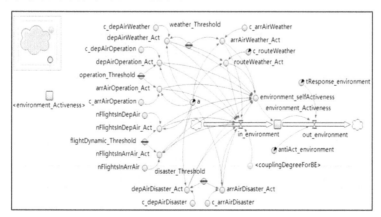

(a) 智能体类型breedingEnvironment模块

图 4.8　延误要素链式反应蔓延动力学仿真模型各模块系统动力学流图

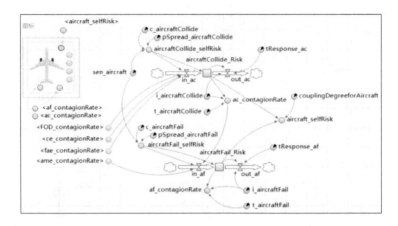

(b) 智能体类型aircraftFactor模块

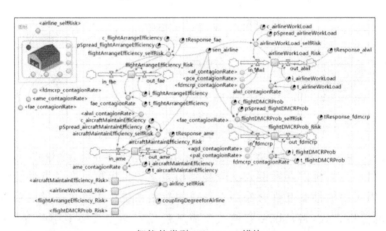

(c) 智能体类型airlineFactor模块

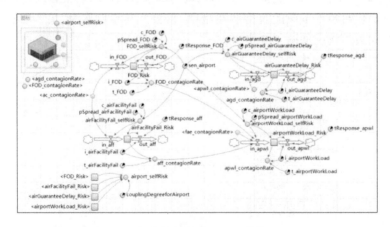

(d) 智能体类型airportFactor模块

图 4.8 延误要素链式反应蔓延动力学仿真模型各模块系统动力学流图(续)

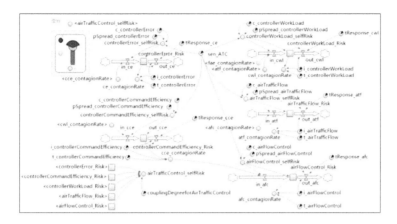

(e) 智能体类型airTrafficControlFactor模块

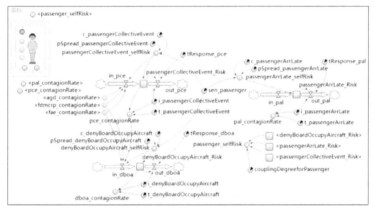

(f) 智能体类型passengerFactor模块

图 4.8　延误要素链式反应蔓延动力学仿真模型各模块系统动力学流图(续)

4.2.4　仿真模型参数及系统动力学方程设置

为了量化分析延误要素链式反应蔓延动力学仿真模型的动力学演化过程,需要对仿真模型中涉及的常量和参数进行初始化设置,仿真模型中其他动态变量的取值可以根据系统动力学方程通过计算获得。由于信息反馈机制是系统动力学仿真模型的基本原理,使得系统对仿真模型参数变化并不敏感,系统动力学仿真模型的演化特征、行为模式和输出结果主要由仿真模型本身决定,而不完全取决于数据。因此,仿真模型中参数的准确度符合实际航班延误发生情景特征即可。通过对仿真模型进行反复调试,分别对延误要素链式反应蔓延动力学仿真模型中的参数和系统动力学方程进行设置,得到与实际情景相似的系统行为。

1. 延误要素链式反应蔓延动力学仿真模型参数设置

如图 4.8(a)所示,延误要素链式反应蔓延动力学仿真模型孕育环境 breedingEnvironment 模块中的参数包括因子能量值(c_)、稳定性阈值(_Threshold)、孕育环境活跃性能量转移系数(antiAct_environment)、孕育环境发生活跃性能量转移需要经历的时间(tResponse_environment)、耦合度(couplingDegreeFor)和孕育环境活跃性控制系数(a)。其中,孕育环境因子能量值(c_)在智能体 Airport 中进行设置。如图 4.9 所示,智能体 Airport 中相关参数包括实时天气影响因子能量值、自然灾害因子能量值、航班动态因子能量值和运行条件因子能量值。

- airportName
- indexAirport
- flightAreaGrade　　V fag　　c_weather
- connectAirportAmount　V caa　　c_disaster
- gateAmount　　V ga　　c_flightDynamic　　cal_flightDynamic
- runwayAmount　　V ra　　c_operation
- FlightsInAirport_Collection　　depDelayFlights_InAirport_Collection　　depNormalFlights_InAirport_Collection
- FlightsAllDay_Collection　　arrDelayFlights_InAirport_Collection　　arrNormalFlights_InAirport_Collection

图 4.9　智能体 Airport 中相关参数

由于对实时天气影响因子能量值 c_weather、自然灾害因子能量值 c_disaster 的取值信息难以获得,因此本书分别采用三角形分布 triangular(0,1,0.5) 和 triangular(0,0.1,0.05) 来设置参数 c_weather 和 c_disaster 的默认值。模型中航班动态因子能量值 c_flightDynamic 的设置取决于机场实时航班数量与该机场全天计划进离港航班数量的比值,可通过循环事件 cal_flightDynamic 调用 FlightsInAirport_Collection.size() 和 FlightAllDay_Collection.size() 函数获得机场实时航班数量和全天计划进离港航班数量,并将其比值作为参数 c_flightDynamic 的默认值。模型中运行条件因子能量值 c_operation 的设置取决于机场的飞行区等级、国内通航机场数量、停机位数量和跑道数量。在延误要素链式反应蔓延动力学仿真模型中建立 Excel 文件连接 AirportInfomation,从文件 Airport Information.xlsx 导入机场信息,并编写 ReadAirportInfomation() 函数。在模型开始运行时,通过发生一次事件 inject_AirportInformation 调用 ReadAirportInfomation() 函数读取机场飞行区等级、国内通航机场数量、停机位数量和跑道数量信息,根据读取的信息将这些参数设置为如表 4.1 所列的默认值,进而设置参数 c_operation 的默认值为(airport.fag + airport.caa + airport.ga + airport.ra)/4。模型读取机场信息如图 4.10 所示。

表 4.1　运行条件因子参数

参　数	含　义	分　类	默认值
flightAreaGrade	飞行区等级	4F	fag = uniform(0, 0.25)
		4E	fag = uniform(0.25, 0.5)
		4D	fag = uniform(0.5, 0.75)
		4C	fag = uniform(0.75, 1)
connectAirportAmount	通航机场数量	0~50	caa = uniform(0, 0.25)
		51~100	caa = uniform(0.25, 0.5)
		101~150	caa = uniform(0.5, 0.75)
		151 以上	caa = uniform(0.75, 1)

参　数	含　义	分　类	默认值
⊙gateAmount	停机位数量	151 以上	ga = uniform(0,0.25)
		71～150	ga = uniform(0.25,0.5)
		41～70	ga = uniform(0.5,0.75)
		0～40	ga = uniform(0.75,1)
⊙runwayAmount	跑道数量	4	ra = uniform(0,0.25)
		3	ra = uniform(0.25,0.5)
		2	ra = uniform(0.5,0.75)
		1	ra = uniform(0.75,1)

另外,设孕育环境 breedingEnvironment 模块中的航路天气影响因子能量值 c_routeWeather 服从三角形分布 triangular(0,1,0.5),实时天气因素、机场运行条件因素、机场航班动态因素和自然灾害因素的稳定性阈值(_Threshold)为3,孕育环境活跃性能量转移系数 antiAct_environment 服从 0～1 均匀分布 uniform()。由于指数分布能够表征独立随机事件触发的时间间隔,本模型中设孕育环境发生活跃性能量转移需要经历的时间 tResponse_

读机场信息

📄 AirportInfomation
🔗 AirportInfomation_Collection
Ⓕ ReadAirportInfomation
⚡ inject_AirportInformation

图 4.10　读取机场信息

environment 服从参数为 0.3 的指数分布 exponential(0.3),孕育环境耦合度 couplingDegreeForBE 服从 0～1 均匀分布 uniform()。当触发孕育环境活跃性时 a=1,否则 a=0。

如图 4.8(b)～图 4.8(f)所示,延误要素链式反应蔓延动力学仿真模型中供体因子相关参数包括延误要素能量值(c_)、延误要素自身能量扩散概率(pSpread_)、风险性随能量值变化的敏感度(sen_)、延误要素蔓延触发强度(i_)、延误要素发生蔓延响应需要经历的时间(t_)、延误要素发生能量转移需要经历的时间(tResponse_)和耦合度(couplingDegreeFor)。本模型中设延误要素能量值(c_)服从三角形分布 triangular(0,1,0.5),延误要素自身能量扩散概率(pSpread_)、风险性随能量值变化的敏感度(sen_)、延误要素蔓延触发强度(i_)、耦合度(couplingDegreeFor)均服从 0～1 均匀分布 uniform(),延误要素发生蔓延响应需要经历的时间(t_)、延误要素发生能量转移需要经历的时间(tResponse_)均服从参数为 0.3 的指数分布 exponential(0.3)。

如图 4.7 所示,延误要素链式反应蔓延动力学仿真模型中受体因子相关参数包括受体因子能量值 c_thisFlight、能量激活的概率 BEDFActPro_thisFlight、抵抗激活阈值 selfRemove_thisFlight、脆弱能量恶化系数 vulWorsen。本模型中设受体因子能量值 c_thisFlight 服从三角形分布 triangular(0,1,0.5),能量激活的概率 BEDFActPro_thisFlight、抵抗激活阈值 selfRemove_thisFlight 服从 0～1 均匀分布 uniform(),脆弱能量恶化系数 vulWorsen 设为 0.2。

此外,如图 4.7 所示,延误要素链式反应蔓延动力学仿真模型中航班延误因子激活度相关参数包括耦合度(couplingDegreeFor)、可能的航班延误因子最大激活度 max、航班延误抵抗能力 antiDelayCapacity、延误恢复持续时间 duration、延误恢复迟滞时间 delayTime_factor、航班延误恢复能力 bearingCapacity。本模型中设耦合度（couplingDegreeFor）均服从 0～1 均匀分布 uniform()，可能的航班延误因子最大激活度 max 为 10，航班延误抵抗能力 antiDelayCapacity 为 50，延误恢复持续时间 duration 为 30，延误恢复迟滞时间 delayTime_factor 服从参数为 0.8 的指数分布 exponential(0.8)，航班延误恢复能力 bearingCapacity 为 50。

2. 延误要素链式反应蔓延动力学仿真模型系统动力学方程构建

由于延误要素能量转移和蔓延响应存在时间迟滞效应，本模型采用系统动力学中的延迟函数来模拟延误要素链式反应过程中的时间迟滞效应。在延误要素因子蔓延率（见图 4.8(b)～图 4.8(f)中的(_contagionRate)）中调用函数 delay(flow，delayTime，initialValue)，来表示延误要素因子蔓延状态在延迟了蔓延响应时间后对其他延误要素产生能量触发作用。另外，在延误要素状态变量输出率中调用函数 delay1(input，delayTime，initialValue)，来表示延误要素以输入变量的指数延迟发生能量转移。进而，构建延误要素链式反应蔓延动力学仿真模型中的系统动力学方程。由于受体因子脆弱性采用分段函数的形式表示，参考式(3.16)，因此在本模型中通过调用循环事件对动态变量 thisFlight_selfVulnerability 进行赋值，该事件的行动如图 4.11 所示。其中，轻度激活阈值 mildAct_Threshold 设为 4，重度激活阈值 seriousAct_Threshold 设为 7。

```
▼ 行动
  if (factorActDegree <= main.mildAct_Threshold )
  rfv = BEDFActPro_thisFlight * c_thisFlight * (2 - exp(-vulWorsen)) * (1 - selfRemove_thisFlight);
  else if (factorActDegree > main.mildAct_Threshold && factorActDegree <= main.seriousAct_Threshold)
  rfv = BEDFActPro_thisFlight * c_thisFlight * (1 + vulWorsen) * (1 - selfRemove_thisFlight);
  else if (factorActDegree > main.seriousAct_Threshold)
  rfv = BEDFActPro_thisFlight * c_thisFlight * exp(vulWorsen) * (1 - selfRemove_thisFlight);
  else
  rfv = BEDFActPro_thisFlight * c_thisFlight * (1 - selfRemove_thisFlight);
```

图 4.11 受体因子脆弱性动态变量赋值事件行动

4.3 基于航班状态动态级联延误蔓延动力学的航班状态演化仿真模块

4.3.1 航班状态动态级联延误仿真场景搭建

在搭建仿真场景时，Anylogic 仿真软件为用户提供了使用 GIS 地图定义地理空间环境的独特功能：利用 GIS 地图设置和检索当前位置，使智能体能够以设定的速度沿着指定路线从一个位置移动到另一个位置，在智能体到达时执行指定的操作，并在其所在位置为静态或动态的智能体提供设置动画和其他有用的服务等功能。

在对航班状态演化仿真模块建模时将 Anylogic 空间标记面板中的 🌐 GIS地图 拖拽到图形编辑器，搭建了航班状态动态级联延误蔓延动力学仿真场景。进而，在 GIS 地图上创建机场智能体。本书选取 2019 年 4 月"飞常准"大数据全球机场准点率排行中 55 个 200 万级以上的中国大陆机场模拟航班动态级联延误蔓延过程，其中，包括 37 个千万级以上机场（见表 4.2 所列）和 18 个 200 万至千万级机场（见表 4.3 所列）。

表 4.2　2019 年 4 月中国大陆千万级以上机场

三字码	机场名称	机场级别	三字码	机场名称	机场级别
PEK	北京首都国际机场	亿级	PVG	上海浦东国际机场	7000 万级
CAN	广州白云国际机场	6000 万级	CTU	成都双流国际机场	5000 万级
XIY	西安咸阳国际机场	4000 万级	CKG	重庆江北国际机场	4000 万级
SHA	上海虹桥国际机场	4000 万级	KMG	昆明长水国际机场	4000 万级
SZX	深圳宝安国际机场	4000 万级	HGH	杭州萧山国际机场	3000 万级
URC	乌鲁木齐地窝堡国际机场	2000 万级	WUH	武汉天河国际机场	2000 万级
CSX	长沙黄花国际机场	2000 万级	HAK	海口美兰国际机场	2000 万级
CGO	郑州新郑国际机场	2000 万级	HRB	哈尔滨太平国际机场	2000 万级
KWE	贵阳龙洞堡国际机场	2000 万级	TSN	天津滨海国际机场	2000 万级
SYX	三亚凤凰国际机场	2000 万级	TAO	青岛流亭国际机场	2000 万级
NKG	南京禄口国际机场	2000 万级	XMN	厦门高崎国际机场	2000 万级
TNA	济南遥墙国际机场	1000 万级	DLC	大连周水子国际机场	1000 万级
LHW	兰州中川国际机场	1000 万级	TYN	太原武宿国际机场	1000 万级
HET	呼和浩特白塔国际机场	1000 万级	KHN	南昌昌北国际机场	1000 万级
ZUH	珠海金湾机场	1000 万级	FOC	福州长乐国际机场	1000 万级
SJW	石家庄正定国际机场	1000 万级	NNG	南宁吴圩国际机场	1000 万级
CGQ	长春龙嘉国际机场	1000 万级	SHE	沈阳桃仙国际机场	1000 万级
NGB	宁波栎社国际机场	1000 万级	HFE	合肥新桥国际机场	1000 万级
WNZ	温州龙湾国际机场	1000 万级	—	—	—

表 4.3　2019 年 4 月中国大陆 200 万至千万级机场

三字码	机场名称	机场级别	三字码	机场名称	机场级别
INC	银川河东机场	800 万级	KWL	桂林两江国际机场	800 万级
YNT	烟台蓬莱国际机场	800 万级	LJG	丽江机场	700 万级
JJN	泉州晋江国际机场	700 万级	WUX	苏南硕放国际机场	700 万级
XNN	西宁曹家堡机场	600 万级	NAY	北京南苑机场	600 万级
SWA	揭阳潮汕国际机场	600 万级	LXA	拉萨贡嘎机场	500 万级
JHG	西双版纳嘎洒机场	400 万级	MIG	绵阳机场	300 万级
CZX	常州奔牛国际机场	300 万级	KHG	新疆喀什机场	200 万级
ZHA	湛江机场	200 万级	BAV	包头二里半机场	200 万级
WEH	威海大水泊国际机场	200 万级	NTG	南通兴东国际机场	200 万级

在航班状态动态级联延误蔓延动力学仿真模型中为上述 55 个机场创建一组智能体群 ✪ airports [..],智能体类型定义为 Airport;导入储存有 55 个机场名称的 EXCEL 文件 Airport Location. xlsx,并借助数据库读取机场位置数据;选择 GIS 位置来设置各个机场坐标,通过将机场地址发送到在线 OpenStreetMap 服务器来获取相应的坐标,并将 55 个机场定位在 GIS

地图获得的坐标点上，中国大陆 200 万级以上机场航空运输网络如图 4.12 所示。

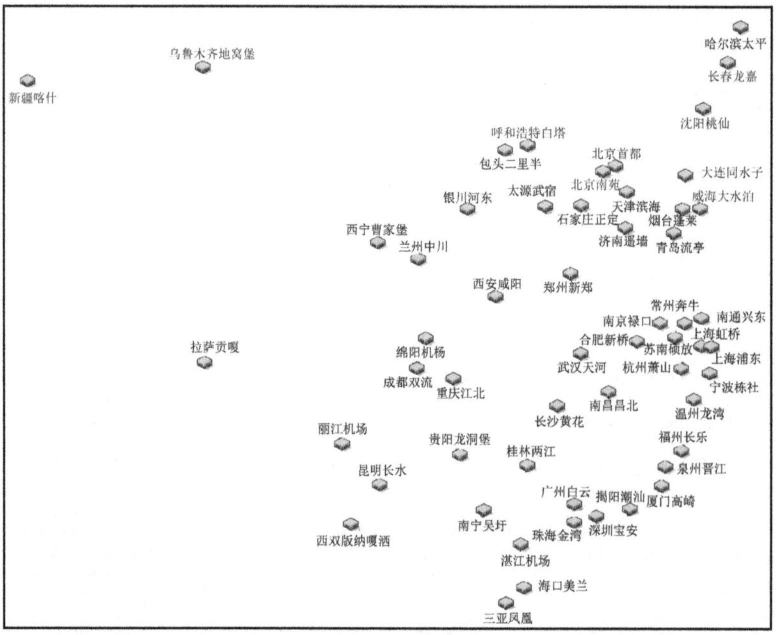

图 4.12　中国大陆 200 万级以上机场航空运输网络图

4.3.2　航班状态动态级联延误蔓延动力学仿真逻辑及建模流程

Anylogic 仿真软件能够结合不同的建模方法来捕捉现实世界系统的复杂性和异构性，不仅可以将模型中的活动实体建模为带有特定属性参数和状态变化特征的智能体，还可以通过开放式框架的流程建模库、行人库、轨道库等为智能体建立业务流程，实现智能体在不同库和组件的元素中进行交互。本书为构建航班状态动态级联延误蔓延动力学仿真逻辑流程，选取航班作为活动实体，建立类型为 Flight 的智能体群 ☺ flights [..]，并为智能体 Flight 定义属性参数（见图 4.3），用于存储现实航班运行数据。

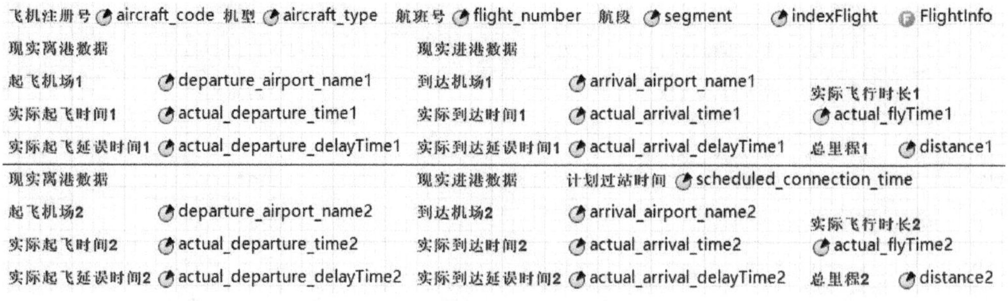

图 4.13　智能体 Flight 属性参数

如图 4.14 所示，通过建立 Excel 文件连接 🗎 FlightSchedule，从文件 FlightSchedule.xlsx 导入航班时刻表，并编写 ReadFlightSchedule() 函数读取 FlightSchedule 中的航班信息，对图 4.13 中智能体 Flight 的参数进行赋值，然后将每个智能体添加到 🔗 FlightSchedule_Collection 集合中。

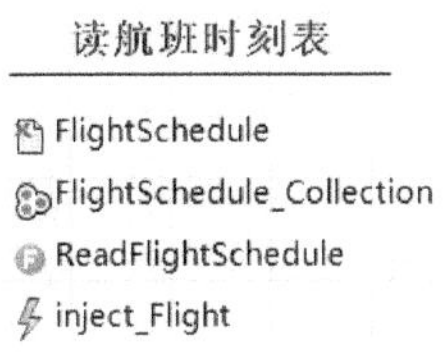

读航班时刻表

- FlightSchedule
- FlightSchedule_Collection
- ReadFlightSchedule
- inject_Flight

图 4.14　读取航空运输网络中航班运行时刻表

进而,采用流程建模库中的组件构建航空运输网络中航班运行逻辑流程,如图 4.15 所示。

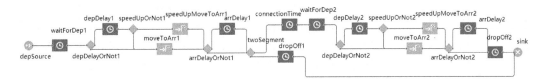

图 4.15　航空运输网络中航班运行逻辑流程图

为各个逻辑模块设置行动参数如下:

以 Source 模块 depSource 作为航班运行逻辑流程的起点。在 depSource 中通过调用 inject()函数定义智能体 Flight 到达模式,建立循环事件 inject_Flight 调用 ReadFlightSchedule() 函数,在航班实际起飞时间前 10 min 产生智能体 Flight,并将智能体 Flight 添加到起飞机场的 FlightsInAirport_Collection 集合中。

用 Delay 模块 waitForDep1 和 waitForDep2 表示航班作起飞前的准备。在 waitForDep1 和 waitForDep2 中选择指定时间作为延迟类型。因为 Source 模块 depSource 在航班实际起飞时间前 10 min 产生智能体 Flight,所以智能体 Flight 在 Delay 模块 waitForDep1 和 waitForDep2 中延迟 10 min 方可到达航班起飞时间。

Select Output 模块 depDelayOrNot1 和 depDelayOrNot2 用来根据条件控制航班是否发生离港延误。在 depDelayOrNot1 和 depDelayOrNot2 中以条件为真控制智能体 Flight 是否发生离港延误,depDelayOrNot1 中航班离港状态判断及行动参数如图 4.16 所示,depDelayOrNot2 与其类似。

图 4.16　depDelayOrNot1 模块航班离港状态判断及行动参数

发生离港延误的航班将进入 Delay 模块 depDelay1 或 depDelay2，分别通过循环事件 ⚡ stopDepDelayEvent1 和 ⚡ stopDepDelayEvent2 控制 depDelay1 和 depDelay2 的延迟时间。离港延误智能体 Flight 将停留在 depDelay1 或 depDelay2 模块中直到航班状态值小于航班延误状态激活阈值时，通过调用 stopDelayForAll( ) 函数停止离港延误。在智能体 Flight 离开 depDelay1 或 depDelay2 模块时，将当前时刻记录到实验离港时间变量中，用以计算实验离港时间和实际离港时间差并赋值给实验离港延误时间变量，同时从起飞机场的 ⑧ FlightsInAirport_Collection 集合中移除该航班。

通过 Select Output 模块 speedUpOrNot1 和 speedUpOrNot2 选择是否需要调整飞行速度来弥补离港延误时间。在 speedUpOrNot1 和 speedUpOrNot2 中以概率 0.5 控制智能体 Flight 是否选择加速飞行来弥补离港延误时间。若加速飞行，将 boolean 型变量航班加速飞行状态赋值为 true。

加速飞行的智能体 Flight 进入 Move To 模块 speedUpMoveToArr1 或 speedUp-MoveToArr2 飞行至到达机场。在此模块中，智能体 Flight 将以每小时 speed1＋ main. adjustSpeed 或 speed2＋ main. adjustSpeed 千米的速度移动到 GIS 网络中的到达机场节点。

离港正常或未选择加速飞行的智能体 Flight 将通过 Move To 模块 moveToArr1 或 moveToArr2 飞行至到达机场，分别以参数实际飞行时长 ⏱ actual_flyTime1 和 ⏱ actual_flyTime2 作为行程时间，移动到 GIS 网络中的到达机场节点。

Select Output 模块 arrDelayOrNot1 和 arrDelayOrNot2 用来根据条件控制航班是否发生进港延误。在 arrDelayOrNot1 和 arrDelayOrNot2 中以条件为真控制智能体 Flight 是否发生进港延误，arrDelayOrNot1 中航班进港状态判断及行动参数如图 4.17 所示，arrDelayOrNot2 与其类似。

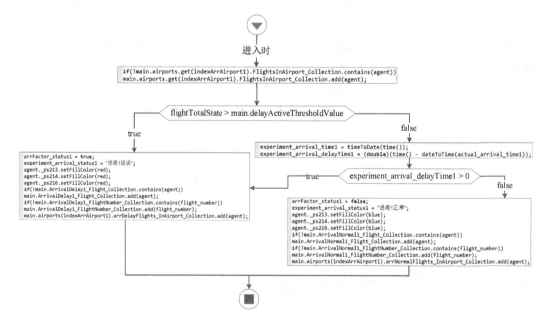

图 4.17　arrDelayOrNot1 模块航班进港状态判断及行动参数

发生进港延误的航班将进入 Delay 模块 arrDelay1 或 arrDelay2，分别通过循环事件

⚡stopArrDelayEvent1 和 ⚡stopArrDelayEvent2 控制 arrDelay1 和 arrDelay2 的延迟时间。进港延误智能体 Flight 将停留在 arrDelay1 或 arrDelay2 模块中直到航班状态值小于航班延误状态激活阈值时，通过调用 stopDelayForAll（）函数停止进港延误。在智能体 Flight 离开 arrDelay1 或 arrDelay2 模块时，将当前时刻记录到实验进港时间变量中，用以计算实验进港时间和实际进港时间差并赋值给实验进港延误时间变量。

　　不论是进港延误智能体 Flight 还是进港正常智能体 Flight，都将进入 SelectOutput 模块 twoSegment 或 Delay 模块 dropOff2。智能体 Flight 在进入 twoSegment 时，计算实验飞行时长，并判断是否有后续飞行任务。有后续飞行任务的两航段航班进入 Delay 模块 connection-Time，表示航班过站时间，即航班到达停机位进行旅客下机、装卸行李和后续航班保障等流程，在 connectionTime 中智能体 Flight 将以航班过站时间参数 ⏱scheduled_connection_time 为延迟时间实施上述流程。其后续飞行任务流程与执行第一航段时的逻辑流程相同；而没有后续飞行任务的单航段航班进入 Delay 模块 dropOff1，即到达停机位旅客下机。

　　Sink 模块表示航班运行逻辑流程的终点。当智能体 Flight 完成航班时刻表 FlightSchedule 中的所有飞行任务时，sink 模块移除智能体 Flight，表示智能体 Flight 结束了此次飞行任务。

　　在上述航班运行逻辑流程中，引入了一些相关变量用于记录实验运行时的航班数据，如图 4.18 所示。

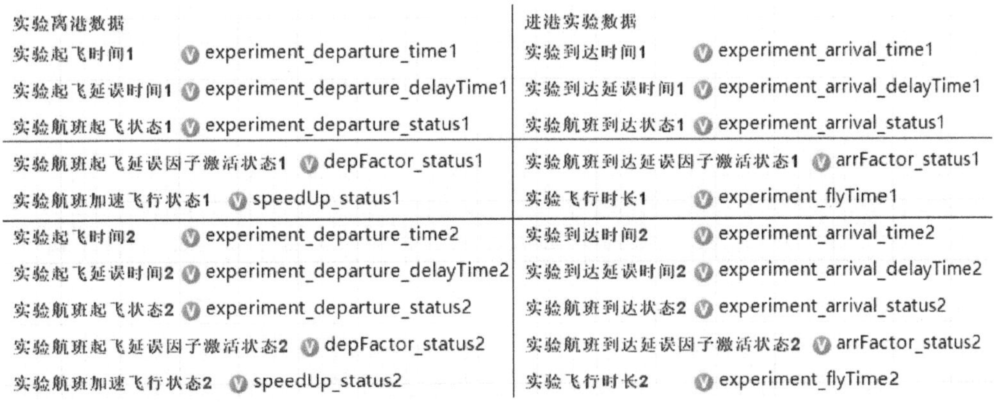

图 4.18　航班在机场间运行的逻辑流程中涉及的相关变量

4.3.3　航班状态动态级联延误蔓延状态演化函数创建及参数设置

　　根据第 3.3.3 节中航空运输"机场-航班-资源"网络航班状态动态级联延误蔓延动力学模型可知，航班节点状态与该航班受到的延误要素链式反应中的航班延误因子激活度有关。因此，可以采用控制延误要素链式反应模型中关键参数的方式，达到在航班准备离港和准备进港时开启延误要素链式反应系统动力学模型的目的，从而实时获取该航班的延误因子激活度变量值。启动延误要素演化仿真模块及获取相关变量值如图 4.19 所示。

　　在航班准备离港时，分别在智能体 Flight 进入 Delay 模块 waitForDep1 和 waitForDep2 时调用 startSD_segment1（）函数和 startSD_segment2（）函数启动该航班的延误要素演化仿真模块，同时获取延误要素演化仿真模块开始启动时刻，并对相关变量进行赋值，作为航班准

图 4.19 启动延误要素演化仿真模块及获取相关变量值

备离港时开始启动延误要素链式反应系统动力学模型的时刻。

在航班准备进港时，即当智能体 Flight 进入 movToArr1 或 speedUpMoveToArr1 或 movToArr2 或 speedUpMoveToArr2 时，将智能体 Flight 飞行至到达机场前 10 分钟作为航班准备进港时开始启动延误要素链式反应系统动力学模型的时刻，分别通过循环事件 startSDAtArr1Event 和 startSDAtArr2Event 启动该航班的延误要素演化仿真模块。

在智能体 Flight 从机场起飞后或到达机场后调用 stopSD() 函数关闭该航班的延误要素演化仿真模块。此外，通过循环事件 Get_DelayFactorEvolutionValue 实时获取影响该航班的延误要素演化变量值，通过循环事件 delayTimeEvent 实时获取该航班的进离港延误时间。

在航班发生延误后，机场、航空公司等将采取航班延误恢复措施来抑制延误程度恶化。本书假设航班延误发生到延误恢复措施启动的时间间隔服从三角形分布 triangular(3,15,5)，以此对变量 recoveryStartAfterTimeAtDep1、recoveryStartAfterTimeAtArr1、recoveryStartAfterTimeAtDep2 和 recoveryStartAfterTimeAtArr2 的初始值进行赋值，并分别利用循环事件 delayRecoveryAtDepEvent1、delayRecoveryAtArrEvent1、delayRecoveryAtDepEvent2 和 delayRecoveryAtArrEvent2 实时获取航班进离港时的延误恢复措施持续时间变量值。设置航班进离港延误恢复措施如图 4.20 所示。

离港1延误恢复措施	进港1延误恢复措施	离港2延误恢复措施	进港2延误恢复措施
delayRecoveryAtDep1	delayRecoveryAtArr1	delayRecoveryAtDep2	delayRecoveryAtArr2
delayRecoveryStartTimeAtDep1	delayRecoveryStartTimeAtArr1	delayRecoveryStartTimeAtDep2	delayRecoveryStartTimeAtArr2
delayRecoveryStopTimeAtDep1	delayRecoveryStopTimeAtArr1	delayRecoveryStopTimeAtDep2	delayRecoveryStopTimeAtArr2
recoveryStartAfterTimeAtDep1	recoveryStartAfterTimeAtArr1	recoveryStartAfterTimeAtDep2	recoveryStartAfterTimeAtArr2
delayRecoveryDurationAtDep1	delayRecoveryDurationAtArr1	delayRecoveryDurationAtDep2	delayRecoveryDurationAtArr2
delayRecoveryAtDepEvent1	delayRecoveryAtArrEvent1	delayRecoveryAtDepEvent2	delayRecoveryAtArrEvent2

图 4.20 设置航班进离港延误恢复措施

由于航空运输网络中航班之间存在的航班连接与资源连接会对关联航班产生延误蔓延作用，因此将本模型考虑的航班关联航班和资源关联航班定义如下：航班关联航班是指与该智能体 Flight 具有相同飞机注册号的航班；而资源关联航班在智能体 Flight 的各个运行阶段有所差异：

① 在离港时，与智能体 Flight 存在资源共享的航班定义为智能体 Flight 计划离港时间前 10 min 至实验离港时间段内在智能体 Flight 起飞机场内停留的航班、智能体 Flight 计划离港

时间前后 10 min 即将到达智能体 Flight 起飞机场的航班和智能体 Flight 计划离港时间前后 10 min 即将从智能体 Flight 起飞机场起飞的航班。

② 在进港时,与智能体 Flight 存在资源共享的航班定义为智能体 Flight 飞行至到达机场时至实验进港时间段内在智能体 Flight 到达机场内停留的航班、智能体 Flight 飞行至到达机场时间前后 10 min 即将到达智能体 Flight 到达机场的航班和智能体 Flight 飞行至到达机场时间前后 10 min 即将从智能体 Flight 到达机场起飞的航班。

据此,通过循环事件 ⚡FRelatedFlightEvent 和 ⚡RRelatedFlightEvent 获取与该智能体 Flight 存在航班关联和资源关联的航班,并分别添加到如图 4.21 所示的航班关联集合 ⚙FrelatedFlight_Collection 和资源关联集合 ⚙RrelatedFlight_Collection 中。

图 4.21　设置航班关联航班和资源关联航班

在此基础上,为获取航班实时状态值,根据航空运输"机场-航班-资源"网络航班状态动态级联延误蔓延动力学模型,建立如图 4.22 所示的航班状态变量和航班状态变化参数。通过创建以时间 t 为参数的航班节点自我状态增长函数 selfStateGrowthFunction(t) 和航班节点自我状态衰减函数 selfStateDecayFunction(t),分别获取航班节点自我状态增长值 flightSelfStateGrowth 和衰减变量值 flightSelfStateDecay;编写航班节点自我修复水平函数 selfRecoveryFunction() 和航班节点动态级联延误蔓延函数 stateSpreadFunction(),分别获取航班节点自我修复水平变量值 flightSRecover 和航班节点动态级联延误蔓延能力变量值 flightStateSpread;建立以飞行时长 ft 为参数的智能体 Flight 与其他航班之间的耦合关联作用函数 couplingFunction(ft),分别获取与智能体 Flight 存在航班关联资源关联的航班数量变量值 nFlightRelated 和资源关联的航班数量变量值 nResourceRelated、通过航班连接边和资源连接边对智能体 Flight 产生的延误蔓延影响能力变量值 influenceFR 和 influenceRR、航班关联航班和资源关联航班对智能体 Flight 的耦合关联作用变量值 couplingFR 和 couplingRR,以及所有相关航班对航班节点的耦合关联作用变量值 couplingTotal;将航班延误状态激活阈值

图 4.22　航班状态变量及航班状态变化参数

delayActiveThresholdValue 设为 0.3，并通过循环事件 ⚡TotalStateEvent 调用航班节点状态函数 TotalStateFunction()，获取智能体 Flight 实时航班延误程度状态变量值 flightTotalState。

　　进而，为了得到与真实航班运行情景相似的模拟结果，通过对仿真模型进行反复调试来对航班动态级联延误蔓延状态演化函数中涉及的参数进行标定，将 selfStateGrowthFunction(t) 函数和 selfStateDecayFunction(t) 中的调整系数 c 设为 0.01；selfRecoveryFunction() 函数中的自我修复系数 selfRecoverCoefficient 设为 4；stateSpreadFunction() 函数中的增益参数 a 设为 0.5，蔓延状态阈值 θ 设为 0.5；couplingFunction(ft) 函数中的参数 a 设为 4，参数 b 设为 3，衰减系数 β 设为 0.5。

本章小结

　　本章运用系统建模与仿真思想，将研究思路从"静态-描述-解释"转向了"动态-过程-模拟"。基于 Anylogic 在复杂交互式动态仿真和多方法建模上的优势，为有效评估航空运输网络中航班状态动态级联延误的扩散路径和蔓延趋势，建立了航空运输网络航班延误蔓延动力学仿真模型，分别构建了延误要素演化仿真模块和航班状态演化仿真模块。其中，延误要素演化仿真模块从航班延误致因角度分析了触发航班延误时各种延误要素的演化规律，基于系统动力学建模方法建立了触发航班延误的延误要素链式反应蔓延动力学仿真模型系统动力学流图，并采用分层方式将孕育环境子系统和供体因子子系统中的航空器因素、航空公司因素、机场因素、空管因素、旅客因素分别看作独立的逻辑部分封装到不同的智能体类型中，实现了量化分析延误要素之间的动态交互关系和反馈机制，动态测度航班延误因子激活度的变化趋势；航班状态演化仿真模块根据延误要素演化仿真模块中延误要素交互形成的航班延误因子激活度对航班状态改变的刺激作用，基于智能体建模方法建立了航班状态动态级联延误蔓延动力学仿真模型，利用 GIS 地图，考虑航空运输网络中的航班关联、资源关联和航班动态级联延误蔓延机制，搭建了航班状态动态级联延误蔓延动力学仿真场景和仿真逻辑流程，从航班延误状态角度分析航班延误蔓延程度和蔓延范围，实现了动态模拟航空运输网络中航班延误的蔓延波及效应。

第5章 航空运输网络中航班延误链式波及仿真结果分析

通过仿真可以对不同实验方案和系统参数进行比较分析,实现模拟真实系统的灵活性、安全性和经济性。本章根据第 4 章介绍的航空运输网络航班延误蔓延动力学仿真模型,将模型仿真结果与真实情景下航班延误数据进行对比,验证所介绍模型的有效性和准确性,在此基础上,分别从延误要素演化和航班状态演化两个仿真模块对航班延误链式波及进行深入探讨,通过设置多组实验方案,推演不同情景下延误要素链式反应行为和航空运输网络中航班延误动态波及趋势。

5.1 航班延误蔓延动力学仿真假设条件及模型检验

为了模拟航空运输网络中航班延误链式波及机制,对航班延误蔓延动力学仿真模型作出以下假设:

① 假设延误要素演化仿真模块中设置的各种航班延误影响因素都可能发生,而暂不考虑其他航班延误原因的影响。

② 假设航班运行中总的可利用延误处置资源和延误处置能力是有限的,在最大延误处置能力范围内延误处置投入与航班延误程度成正比,可利用的延误处置资源在航班延误的持续时间内进行平均投入。

③ 假设航空运输网络中任何一个航班都存在两种状态:正常运行状态和航班延误状态,而暂不考虑航班其他状态。

仿真选取 2019 年 4 月"飞常准"大数据全球机场准点率排行中 55 个 200 万级以上的中国大陆机场作为航班动态级联延误蔓延仿真的航班起降机场,其中,包括 37 个千万级以上机场和 18 个 200 万至千万级机场,如表 4.2 和表 4.3 所示。通过查阅资料,将各机场飞行区等级、国内通航机场数量、停机位数量和跑道数量信息进行统计,存储于 Excel 文件 AirportInfor-mation. xlsx 中,并通过建立的 Excel 文件连接 📄 AirportInfomation 导入到仿真模型中,作为影响航空运输网络中航班运行的机场运行条件输入数据,如表 5.1 和表 5.2 所示,统计数据截至 2019 年 5 月。

表 5.1 截至 2019 年 5 月中国大陆千万级以上机场运行条件输入数据

机场三字码	飞行区等级	国内通航机场数量	机位数量	跑道数量	机场三字码	飞行区等级	国内通航机场数量	机位数量	跑道数量
PEK	4F	169	314	3	PVG	4F	159	218	4
CAN	4F	157	183	3	CTU	4F	169	178	2
XIY	4F	171	127	2	CKG	4F	156	209	3
SHA	4E	135	155	2	KMG	4F	134	110	2

机场三字码	飞行区等级	国内通航机场数量	机位数量	跑道数量	机场三字码	飞行区等级	国内通航机场数量	机位数量	跑道数量
SZX	4F	152	199	2	HGH	4F	145	127	2
URC	4E	94	93	2	WUH	4F	103	81	2
CSX	4F	113	49	2	HAK	4E	122	78	1
CGO	4F	110	158	2	HRB	4E	107	41	1
KWE	4E	110	47	1	TSN	4F	142	59	2
SYX	4E	80	78	1	TAO	4E	119	70	1
NKG	4F	113	55	2	XMN	4E	111	89	1
TNA	4E	99	30	1	DLC	4E	117	42	1
LHW	4E	105	40	1	TYN	4E	78	43	1
HET	4E	87	43	1	KHN	4E	86	51	1
ZUH	4E	91	23	1	FOC	4F	89	76	1
SJW	4E	81	69	1	NNG	4E	91	50	1
CGQ	4E	72	60	1	SHE	4E	100	47	1
NGB	4E	81	23	1	HFE	4E	69	27	1
WNZ	4D	93	59	1	—	—	—	—	—

表 5.2　截至 2019 年 5 月中国大陆 200 万至千万级机场运行条件输入数据

机场三字码	飞行区等级	国内通航机场数量	机位数量	跑道数量	机场三字码	飞行区等级	国内通航机场数量	机位数量	跑道数量
INC	4E	78	47	1	KWL	4F	84	51	1
YNT	4E	69	39	1	LJG	4D	67	19	1
JJN	4D	59	22	1	WUX	4E	49	15	1
XNN	4E	74	22	1	NAY	4D	81	22	1
SWA	4D	68	21	1	LXA	4E	47	17	1
JHG	4D	39	18	1	MIG	4D	54	11	1
CZX	4E	30	20	1	KHG	4E	27	8	1
ZHA	4C	50	7	1	BAV	4D	49	15	1
WEH	4D	93	10	1	NTG	4D	45	34	1

　　在此基础上,根据"飞常准"大数据机场时刻分析获取航班运行信息,将其存储于 Excel 文件 FlightSchedule. xlsx 中,并通过建立的 Excel 文件连接 📄FlightSchedule 导入到仿真模型中,作为航空运输网络中运行的航班输入数据。为了验证所介绍的航班延误蔓延动力学模型,分别选取现实 3 种典型情景下的航班运行数据进行模拟,并与真实数据进行对比,观测模型在模拟航空运输网络中航班延误蔓延过程的有效性和准确性。

1. 航空运输网络中"起飞航班波"时段随机性延误蔓延情景

　　据多年全国民航运行效率报告显示,上午 6 时至 8、9 时是典型的"起飞航班波"时段,该时段中起飞航班量一直急速增长,在这一运行初始阶段发生延误将对全天航班正常运行产生波及影响。因此,根据 2019 年夏秋国内航空公司国内航班正班计划和"飞常准"航班动态数据,选取 2019 年某日上午 8 时至 8 时 20 分"起飞航班波"时段内起飞的 110 个航班,作为验证航班状态动态级联延误蔓延动力学模型的真实航班数据之一,见附录 B。在现实情景中,截至该日 8 时 20 分共有 58 个航班发生延误,截至 12 时 29 分一航段航班全部进港时共有 69 个航班发生延误,截至 15 时 05 分两航段航班全部进港,此时共有 72 个航班发生延误。根据仿真实验设置,运用航班延误蔓延动力学模型模拟"起飞航班波"时段随机性延误蔓延情景下航空运输网络中航班动态级联延误蔓延过程,统计出每分钟延误航班数量数据,并与该日航班运行真实数据进行对比,实验结果与现实情景中延误航班数量变化情况如图 5.1 所示。

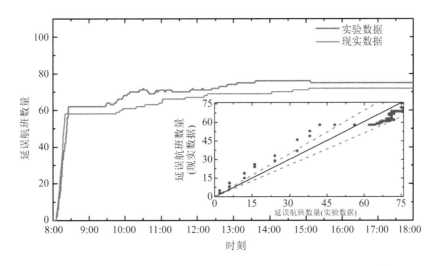

图 5.1　随机性延误蔓延情景下航班延误蔓延动力学模型仿真结果检验

从图 5.1 中可以看出,实验结果和现实情景中的延误航班数量均呈现出两阶段增长态势。在第一增长阶段,实验结果和现实情景分别以 2.296 和 2.762 的速率增长到延误航班数量最大值 62 个和 58 个,第一增长阶段延误航班数量最大值实验结果与现实情景相差 6.70%。在第二增长阶段,实验结果和现实情景分别以 0.056 和 0.044 的速率增长到延误航班数量最大值 76 个和 72 个,第二增长阶段延误航班数量最大值实验结果与现实情景相差 5.56%。另外,在图 5.1 中的子图表现了实验结果延误航班数量与现实情景航班延误数量的相关性,可以看出在整个模拟过程中有 95.67% 的实验结果延误航班数量略多于现实情景中延误航班数量,但在延误航班数量较少时,延误航班数量的实验结果略少于现实情景。其中,子图中红色虚线代表实验结果与现实情景偏差 ±15% 的范围,在随机性延误蔓延情景下,96.83% 的实验结果与现实情景相对偏差在 ±15% 范围,另有 2.17% 的实验结果与现实情景相对偏差在 ±(15%~30%)范围,实验结果与现实情景的相对偏差均值为 5.82%,模型模拟结果在合理的范围内波动。

实验结果和现实情景航空运输网络中各机场进离港延误情况分布对比如图 5.2 所示,实验结果中延误机场个数略多于现实情景,相差数量占航空运输网络中机场总数的 10.91%。实验结果中大部分机场的延误状态分布与现实情景相同,模拟出的延误机场数量在合理的范围内波动。

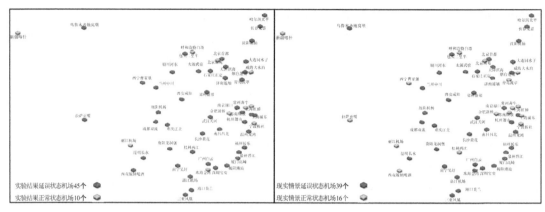

(a) 实验结果　　　　　　　　　　　　　　(b) 现实情景

图 5.2　随机性延误蔓延情景下实验结果与现实情景各机场进离港延误情况分布对比

可见,本书介绍的航班延误蔓延动力学模型与实际"起飞航班波"时段随机性延误蔓延情景具有良好的一致性,能够较好地模拟该情景下的航班延误蔓延趋势,实现准确预测和推演航空运输网络中"起飞航班波"时段随机性航班延误蔓延的"涟漪效应"。实验结果模拟出的该情景下 8 时至 13 时 30 分每隔半小时航空运输网络中航班波及过程和动态级联蔓延趋势如图 5.3 所示,图中不同颜色的飞机代表其不同的进离港状态。

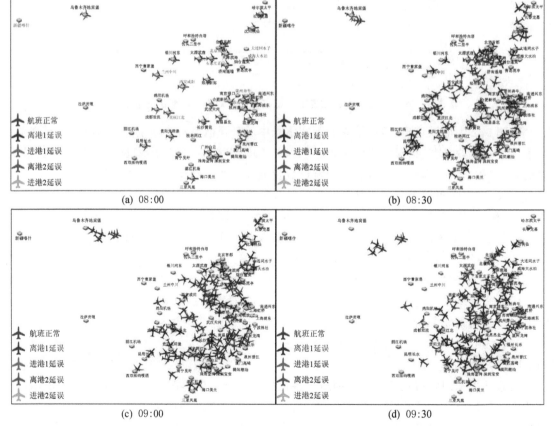

(a) 08:00　　　　　　　　　　　　　　(b) 08:30

(c) 09:00　　　　　　　　　　　　　　(d) 09:30

图 5.3　航空运输网络中"起飞航班波"时段随机性延误蔓延过程

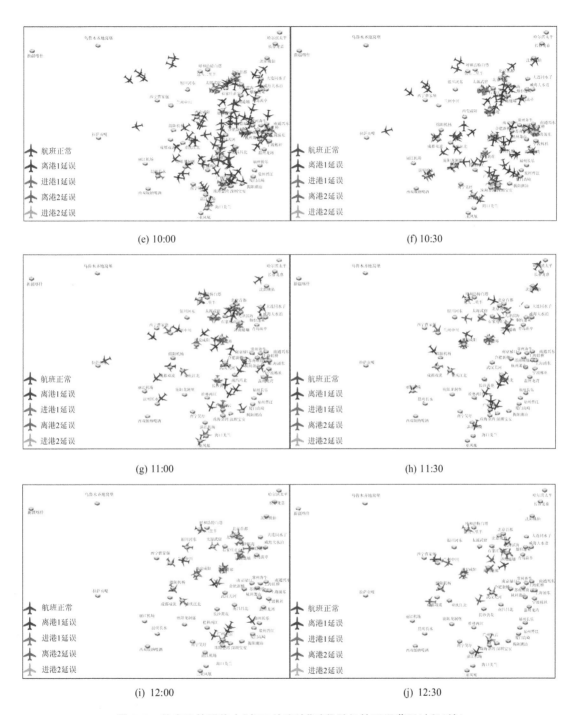

(e) 10:00

(f) 10:30

(g) 11:00

(h) 11:30

(i) 12:00

(j) 12:30

图 5.3 航空运输网络中"起飞航班波"时段随机性延误蔓延过程(续)

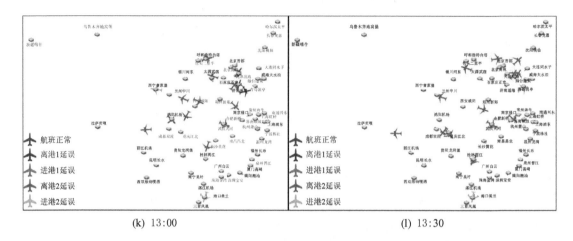

(k) 13:00　　　　　　　　　　　　　　　(l) 13:30

图5.3　航空运输网络中"起飞航班波"时段随机性延误蔓延过程(续)

2. 航空运输网络中空域管控针对性延误蔓延情景

航空运输网络某空域实施空中交通流量控制会导致该区域部分航路通行能力下降,使经过该区域航路的航班发生延误,并以针对性触发延误方式向网络中其他机场节点蔓延。为此,选取2019年某日13时20分至17时20分兰州区域管控时段内航空运输网络中运行的115个航班,作为验证该情景下航班状态动态级联延误蔓延动力学模型有效性和准确性的真实航班数据,见附录C。现实情景中这些航班受兰州空域管制影响截至该日24时共有103个航班发生延误。根据仿真实验设置,调整兰州区域孕育环境参数和供体因子空管因素参数,运用航班延误蔓延动力学模型模拟空域管控针对性延误蔓延情景下航空运输网络中航班动态级联延误蔓延过程,统计出每分钟延误航班数量数据,并与该日航班运行真实数据进行对比,实验结果与现实情景中延误航班数量变化情况如图5.4所示。

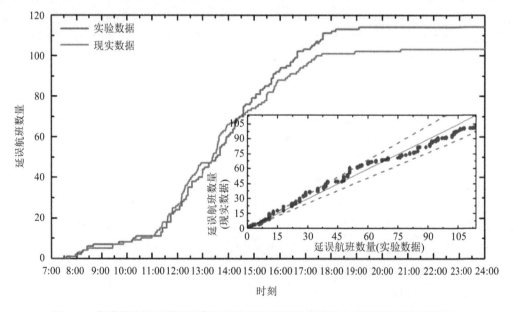

图5.4　空域管控针对性延误蔓延情景下航班延误蔓延动力学模型仿真结果检验

从图 5.4 中可以看出,实验结果和现实情景中的延误航班数量均呈现出先平缓增长再快速增长后保持水平稳定的趋势。在兰州空域开始实施管控时,实验结果和现实情景中的延误航班数量均为 47 个,在空域管控结束时,实验结果和现实情景中的延误航班数量分别为 105 个和 98 个,此时实验结果与现实情景相差 7.14%,在整个模拟过程中,有 67.29% 的实验结果延误航班数量略多于现实情景中延误航班数量。另外,在图 5.4 中的子图表现了空域管控针对性延误蔓延情景下实验结果延误航班数量与现实情景航班延误数量的相关性。其中,子图中红色虚线代表实验结果与现实情景偏差 ±15% 的范围,在空域管控针对性延误蔓延情景下,87.86% 的实验结果与现实情景相对偏差在 ±15% 范围,另有 6.37% 的实验结果与现实情景相对偏差在 ±(15%~30%) 范围,实验结果与现实情景的相对偏差均值为 5.60%,模型模拟结果在合理的范围内波动。从航空运输网络中各机场进离港延误情况来看,空域管控针对性延误蔓延情景下的实验结果和现实情景中所有运行航班的机场均发生了延误,实验结果中机场延误状态分布与现实情景相同。

可见,在实际空域管控针对性延误蔓延情景下,本书介绍的航班延误蔓延动力学模型模拟出的航班延误动态与该情景现实航班运行数据同样具有良好的一致性,能够较好地模拟该情景下的航班延误蔓延趋势,准确预测和推演航空运输网络实施空域管控后航班延误蔓延的“涟漪效应”。实验结果模拟出的该情景下 13 时至 18 时 30 分每隔半小时航空运输网络中航班波及过程和动态级联蔓延趋势如图 5.5 所示,图中不同颜色的飞机代表其不同的进离港状态。

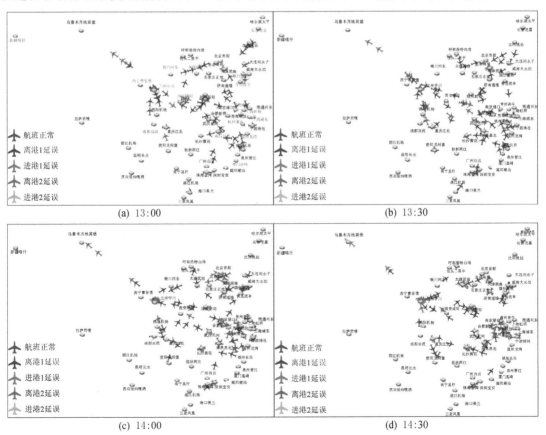

(a) 13:00　　　　　　　　　　　　　(b) 13:30

(c) 14:00　　　　　　　　　　　　　(d) 14:30

图 5.5　航空运输网络中空域管控时段针对性延误蔓延过程

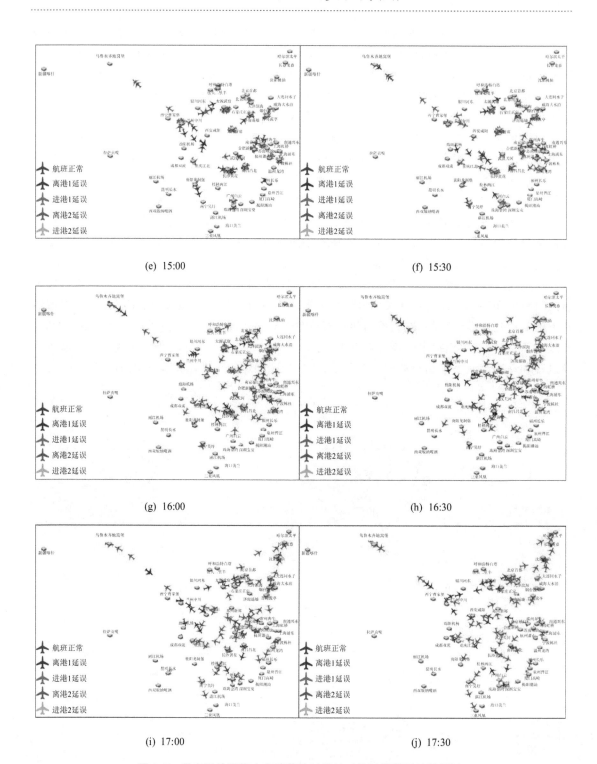

(e) 15:00

(f) 15:30

(g) 16:00

(h) 16:30

(i) 17:00

(j) 17:30

图 5.5　航空运输网络中空域管控时段针对性延误蔓延过程(续)

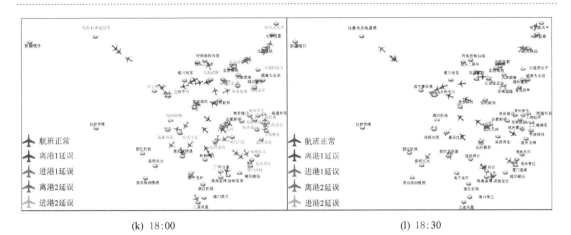

(k) 18:00　　　　　　　　　　　　　　(l) 18:30

图 5.5　航空运输网络中空域管控时段针对性延误蔓延过程(续)

从图 5.5 可以看出,在兰州区域实施管控的初始阶段,受到该因素影响发生延误的主要是经过该区域航路的航班。随着空域管控时间的持续,这种流控影响逐渐波及至与兰州区域有航班联系的其他机场中的航班,最终演化为由某片区域延误到航空运输网络中多机场大面积航班延误的动态"涟漪式"蔓延过程。

3. 航空运输网络中机场节点针对性延误蔓延情景

航空运输网络某机场节点由于延误要素干扰会导致该机场通行能力下降,使该机场的起降航班及这些航班的相关机场航班受到影响,并以针对性触发延误方式将延误效应逐渐蔓延至网络中其他机场和航班。为此,选取 2019 年某日凌晨乌鲁木齐地窝堡国际机场受降雪天气影响后航空运输网络中运行的 125 个航班,作为验证该情景下航班状态动态级联延误蔓延动力学模型有效性和准确性的真实航班数据,见附录 D。现实情景中这些航班受乌鲁木齐降雪影响截至次日 24 时共有 117 个航班发生延误。根据仿真实验设置,调整乌鲁木齐地窝堡国际机场孕育环境实时天气因素参数和供体因子机场因素、航空器因素、空管因素和航空公司因素参数,运用航班延误蔓延动力学模型模拟凌晨乌鲁木齐地窝堡国际机场降雪后次日航空运输网络中航班动态级联延误蔓延过程,统计出每分钟延误航班数量数据,并与该日航班运行真实数据进行对比,实验结果与现实情景中延误航班数量变化情况如图 5.6 所示。

从图 5.6 中可以看出,实验结果和现实情景中的延误航班数量均呈现出先快速增长再保持水平稳定的趋势,在整个模拟过程中有 84.92% 的实验结果延误航班数量略多于现实情景中延误航班数量。另外,在图 5.6 中的子图表现了机场节点针对性延误蔓延情景下实验结果延误航班数量与现实情景航班延误数量的相关性。其中,子图中红色虚线代表实验结果与现实情景偏差 $\pm 15\%$ 的范围,在机场节点针对性延误蔓延情景下,88.62% 的实验结果与现实情景相对偏差在 $\pm 15\%$ 范围,另有 8.33% 的实验结果与现实情景相对偏差在 $\pm(15\% \sim 30\%)$ 范围,实验结果与现实情景的相对偏差均值为 0.41%,模型模拟结果在合理的范围内波动。从航空运输网络中各机场进离港延误情况来看,机场节点针对性延误蔓延情景下的实验结果和现实情景中所有运行航班的机场均发生了延误,实验结果中机场延误状态分布与现实情景相同。

可见,在实际机场节点针对性延误蔓延情景下,本书介绍的航班延误蔓延动力学模型模拟出的航班延误动态与该情景现实航班运行数据同样具有良好的一致性,能够较好地模拟该情景下的航班延误蔓延趋势,准确预测和推演航空运输网络某机场节点单点延误后航班延误逐级蔓延的"涟漪效应"。实验结果模拟出的该情景下 7 时至 14 时每小时航空运输网络中航班

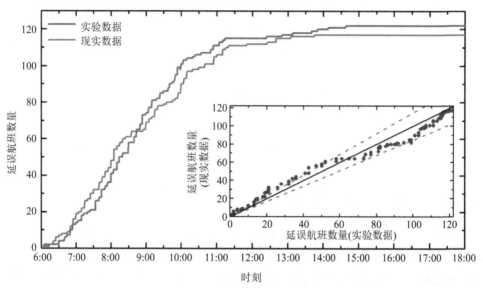

图 5.6 机场节点针对性延误蔓延情景下航班延误蔓延动力学模型仿真结果检验

波及过程和动态级联蔓延趋势如图 5.7 所示,图中不同颜色的飞机代表其不同的进离港状态。

从图 5.7 可以看出,乌鲁木齐地窝堡国际机场降雪后次日航班运行初始阶段,航空运输网络中大部分航班处于正常运行状态,少数飞往乌鲁木齐地窝堡国际机场的航班发生延误。随着乌鲁木齐地窝堡国际机场进离港延误航班数量的增加,这些延误航班逐渐将延误效应传导至其始发和目的地机场中的航班,最终演化为由机场单点延误到航空运输网络中多机场大面积航班延误的动态"涟漪式"蔓延过程。

综上所述,采用本书介绍的航班延误蔓延动力学模型模拟 3 种典型情景下航空运输网络中航班运行动态,均得到了与实际航班延误趋势一致的结果,平均有 91.10% 的实验结果与现实情景的相对偏差在 ±15% 范围,表明该模型对复现真实航班延误蔓延过程具有较高的可靠性,能够较精确模拟现实航空运输网络中航班延误由"点-线-面"波及的蔓延趋势。在验证模型有效性和准确性的基础上,利用该模型分别设置多组实验方案,采用"起飞航班波"时段的航班运行数据对延误要素演化和航班状态动态级联延误蔓延进行方案对比,观测不同实验方案对航班动态级联延误蔓延的扰动作用,并针对各组实验方案的影响因素展开进一步探讨。

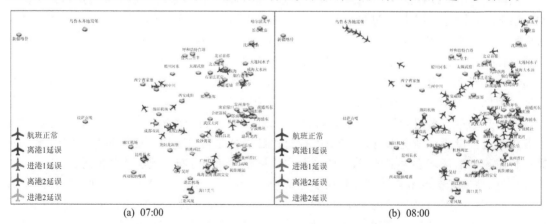

(a) 07:00　　　　　　　　　　　　(b) 08:00

图 5.7 航空运输网络中机场节点针对性延误蔓延过程

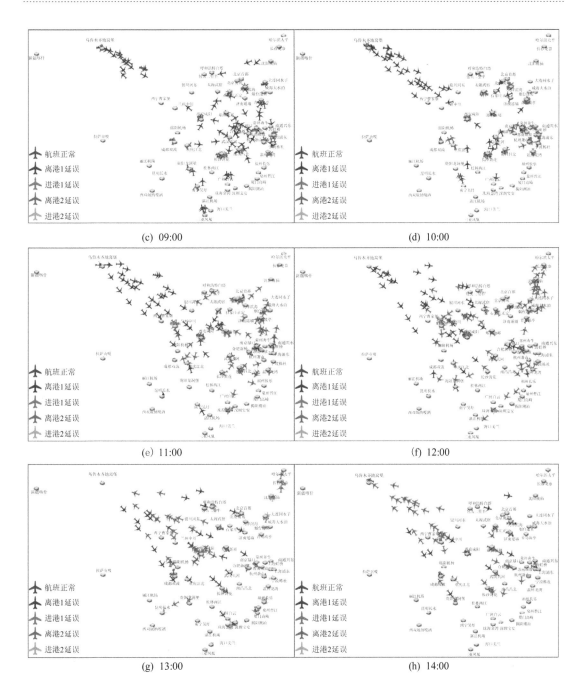

图 5.7　航空运输网络中机场节点针对性延误蔓延过程(续)

5.2　延误要素链式反应蔓延动力学仿真实验方案对比分析

延误要素链式反应蔓延动力学仿真模型中某些关键参数的改变,会对航班延误激活反应趋势产生不同程度的影响,模型中采用延误能量来衡量延误激活反应贡献程度。为了深入分析延误要素链式反应蔓延动力学仿真模型,有必要结合关键参数的变化情况进行多方案仿真结果分析,从而针对参数影响情况实施有效的航班延误防治措施。因此,分别设置 4 组仿真实验方案,如表 5.3 所列。仿真实验模型时间单位为分钟,运行仿真实验时将模型模拟时间设置为 40 min,分析不同情景下航班延误因子激活度的系统动力学演化趋势。

表 5.3　延误要素链式反应蔓延动力学仿真实验方案

实验分组	实验方案设计
仿真结果初步分析	按照第 4.2.4 节中参数和系统动力学方程的设置来进行仿真实验
基于耦合度差异分析	在第 4.2.4 节实验参数设置的基础上,变动模型中系统耦合度、孕育环境因子耦合度和供体因子耦合度参数,分析耦合度差异对延误要素因子激活度的影响
基于航班承载能力差异分析	在第 4.2.4 节实验参数设置的基础上,变动模型中延误抵抗能力和延误恢复能力参数,分析航班承载能力差异对延误要素因子激活度的影响
基于延误恢复迟滞时间差异分析	在第 4.2.4 节实验参数设置的基础上,变动模型中延误恢复迟滞时间参数,分析延误恢复迟滞时间差异对延误要素因子激活度的影响

5.2.1　延误要素链式反应蔓延动力学仿真结果初步分析

根据第 4.2.3 节中图 4.7 所示延误要素链式反应蔓延动力学仿真模型系统动力学流图,可以看出,延误激活率是在孕育环境活跃性、供体因子风险性和受体因子脆弱性的共同作用下形成的,即航班延误因子激活程度随时间推移的波动情况。模型中延误要素之间的交互将导致航班延误因子激活度的增加,但由于航空公司、机场和空管等多部门协调配合,在延误激活率作用的同时,能够发挥包括抵抗能力和恢复能力的航班延误承载能力,形成延误损耗率,从而降低航班延误因子激活程度。当智能体航班进入图 4.15 所示航班运行逻辑流程的 waitForDep1 和 waitForDep2 模块时,开始启动延误要素链式反应系统动力学模型,则影响航班状态的延误要素链式反应机理和动态演化行为结果如图 5.8 所示。

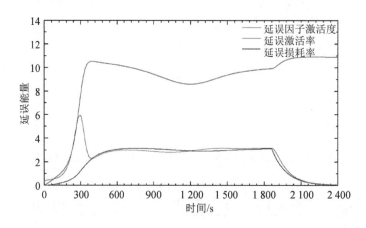

图 5.8　航班延误因子激活度及其反应变化速率

图 5.8 中红色曲线、绿色曲线和蓝色曲线分别表示航班在准备离港时的延误因子激活度、

延误激活率和延误损耗率随时间的演化趋势,即航班在准备离港过程中受到各种延误要素影响后的潜在延误风险变化情况。在第 4.2.4 节中对模型可能的航班延误因子最大激活度 max 进行了设定,由于供体因子间延误要素的耦合交互,对延误因子激活度发展演化形成了促进作用,可能导致实际的延误因子激活度大于延误因子最大激活度,即延误要素之间的耦合交互能够增加对航班的延误激活作用。从图 5.8 中可以看出,航班延误因子激活度总体上呈现出"S"型增长趋势,延误激活率呈现出先增长再下降的二次抛物线变化形式,而延误损耗率则呈现出先指数增长、继而保持相对水平稳定、最终呈现迅速下降的变化趋势。因此,从整体上看,可将延误要素链式演化分为初期、中期和末期 3 个阶段。

在延误要素链式演化初期,延误激活反应快速蔓延,延误激活率增长至最大值 5.938,延误激活率的增长率为 0.020。然而,由于延误要素能量的消耗和延误处置措施对延误要素演化趋势的抑制,延误激活率进入延误要素链式演化中期,首先以下降率 0.037 快速下滑至 2.269,而后保持相对稳定状态。在延误要素链式演化末期,延误形势逐渐被控制以后,延误激活率缓慢下降至零。

延误损耗体现了航班自身的抵抗能力和机场、航空公司等多部门对航班延误的恢复能力。然而,在航班延误恢复过程中,每个航班可以利用的恢复资源往往是有限的。在延误要素链式演化初期,随着延误因子激活度的快速增长,延误恢复资源的投入也会随之增加,延误损耗率以 0.004 的速率逐渐增长到最大值 3.138。当延误程度超过航班对延误的抵抗能力阈值时,延误损耗率进入延误要素链式演化中期,此时已对该航班投入了可利用的全部恢复资源,延误损耗率保持稳定状态。当航班延误形势被控制而陆续停止恢复措施时,即延误要素链式演化末期,延误损耗率逐渐下降至零。

延误因子激活度在延误激活率和延误损耗率的共同作用下呈现出不同的变化过程。在延误要素链式演化初期,由于延误要素之间的耦合交互作用促进延误因子蔓延,激活程度呈现出指数增长态势,延误因子激活度以 0.027 的速率上升到最大值 10.526。然而在延误要素链式演化中期,由于航班自身延误抵抗能力和有关部门延误恢复策略的实施,延误因子激活程度在达到最大值后先开始以 −0.002 的速率缓慢下降至 8.601,延误因子激活程度受到一定的抑制。此后,由于延误抵抗能力及恢复资源的消耗和限制,延误因子激活程度出现缓慢回升。在延误要素链式演化末期,由于延误激活率和延误损耗率逐渐下降为零,延误因子激活度略微上升后趋于稳定。

可见,在延误要素链式反应初期,多种延误要素之间耦合交互反应,彼此相互触发,系统中扩散反馈发挥主导作用,使延误因子激活程度逐渐增加。然而,随着孕育环境活跃性能量、供体因子风险性能量和受体因子脆弱性能量的消耗以及民航各部门对航班延误处置措施的实施,系统中消耗反馈逐渐发挥主导作用,使延误要素链式反应中期延误因子激活程度有所下降,但受到航班承载能力和恢复资源的限制,延误因子激活程度在下降到一定程度后有所回升。因此,模型中的航班延误因子激活度、延误激活率、延误损耗率和动态反馈结构能够表现出延误能量的激活反应特性,仿真结果获得了与第 4.2.1 节中系统参考行为模式相似的系统演化行为。

5.2.2　基于耦合度差异的仿真结果分析

在延误要素链式演化过程中,各种延误要素之间的耦合作用将对延误效应产生增强或削弱的效果。延误要素链式反应蔓延动力学仿真模型中用来表示延误要素交互关系的耦合度包括航班延误蔓延链式系统耦合度（coupling-degree for system）、延误孕育环境因子耦合度（coupling-degree for BE）和延误供体因子耦合度（coupling-degree for DF）。为了探究耦合度差异对延误要素链式反应贡献程度的影响，本组实验通过分别改变某一耦合度和同时改变全部耦合度，模拟了耦合度变动±50%时不同耦合度变动方案的仿真结果变化情况，基于耦合度差异的实验方案如表5.4所列。

表5.4　基于耦合度差异的实验方案

实验分组	耦合度变动方案	耦合度变动比例	变动后的耦合度值	耦合度初始值
CD_Group 1	航班延误蔓延链式系统耦合度	不变	0.41	0.41
	延误孕育环境因子耦合度		0.279	0.279
	延误供体因子耦合度		0.731	0.731
CD_Group 2	航班延误蔓延链式系统耦合度	增加50%	0.615	0.41
CD_Group 3	航班延误蔓延链式系统耦合度	降低50%	0.205	0.41
CD_Group 4	延误孕育环境因子耦合度	增加50%	0.419	0.279
CD_Group 5	延误孕育环境因子耦合度	降低50%	0.14	0.279
CD_Group 6	延误供体因子耦合度	增加50%	1.097	0.731
CD_Group 7	延误供体因子耦合度	降低50%	0.366	0.731
CD_Group 8	航班延误蔓延链式系统耦合度	增加50%	0.615	0.41
	延误孕育环境因子耦合度		0.419	0.279
	延误供体因子耦合度		1.097	0.731
CD_Group 9	航班延误蔓延链式系统耦合度	降低50%	0.205	0.41
	延误孕育环境因子耦合度		0.14	0.279
	延误供体因子耦合度		0.366	0.731

根据以上9组仿真实验方案，基于耦合度差异的延误要素链式反应航班延误因子激活度、延误激活率和延误损耗率变化情况如图5.9所示。对比不同的实验方案能够发现，实验分组CD_Group 4和CD_Group 5与原始实验CD_Group 1的航班延误因子激活度、延误激活率和延误损耗率分别具有相同的变化情况，说明改变孕育环境因子之间的耦合度对延误要素链式演化结果影响微弱。

将其他几个分组实验与原始实验CD_Group 1对比可以看出，在图5.9(a)中，CD_Group 1的航班延误因子激活度达到第一个波峰的时刻为392 s，CD_Group 2、CD_Group 6和CD_Group 8的该时刻出现时间依次提前，分别为366 s、356 s和332 s；而CD_Group 3、CD_Group 7和CD_Group 9的该时刻出现时间依次延迟，分别为440 s、468 s和530 s。在图5.9(b)中，CD_Group 1的延误激活率达到最大值的时刻为292 s，最大值为5.938，CD_Group 2、CD_Group 6和CD_Group 8的延误激活率不仅在增加到最大值时的时刻依次提前，分别为276 s、270 s和254 s，而且最大值也逐渐增加，分别为6.530、6.736和7.331；然而CD_Group 3、CD_Group 7和CD_Group 9的延误激活率不仅在增加到最大值的时刻依次出现延迟，分别为

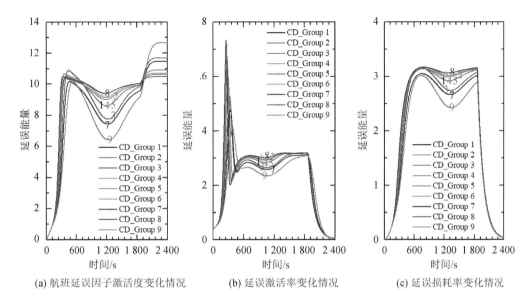

(a) 航班延误因子激活度变化情况　　(b) 延误激活率变化情况　　(c) 延误损耗率变化情况

图 5.9　基于耦合度差异的延误要素链式反应变化情况

322 s、338 s 和 378 s，而且最大值也逐渐减小，分别为 5.253、4.789 和 4.106。在图 5.9(c)中，CD_Group 1 的延误损耗率达到第一个波峰的时刻为 762 s，极大值为 3.138，CD_Group 6、CD_Group 2 和 CD_Group 8 的该时刻依次推迟，分别为 770 s、782 s 和 792 s；然而 CD_Group 7、CD_Group 9 和 CD_Group 3 的该时刻出现时间依次提前，分别为 750 s、736 s 和 732 s。可见，随着系统耦合度和供体因子耦合度的增加，延误要素之间的交互频度和影响强度不断增加，使得延误要素酝酿导致延误因子激活的时间缩短，延误激活速率增加，延误损耗速率减缓，提前达到最大航班延误因子激活度；而系统耦合度和供体因子耦合度的降低会削弱延误要素之间的交互响应程度，降低延误激活速率，提高延误损耗速率，使航班延误因子激活度峰值的出现时间明显延迟。

其中，实验分组 CD_Group 8 和 CD_Group 9 分别同时增加和同时减少了系统耦合度、孕育环境因子耦合度和供体因子耦合度。在图 5.9(a)中，CD_Group 8 同时增加 3 种耦合度，使航班延误因子激活度最快达到第一个波峰，而且曲线下降幅度比较平缓，航班延误因子激活度达到波谷时的极小值为 9.394，高于其他实验分组中的航班延误因子激活度极小值；而 CD_Group 9 同时减少 3 种耦合度，能够最大程度延缓航班延误因子激活度达到极大值的时刻，并以最快幅度下降到航班延误因子激活度极小值 6.425，明显低于其他实验分组中航班延误因子激活度极小值。在图 5.9(b)中，CD_Group 8 同时增加 3 种耦合度，延误激活率首先最快上升到最大值后又最快下降到第一个波谷极小值 2.005，低于其他实验分组中的延误激活率极小值，而后延误激活率快速上升后缓慢下降，在这一区间内达到极小值 2.999，高于其他实验分组中的延误激活率在相应区间内的极小值；而 CD_Group 9 同时减少 3 种耦合度，最大程度延缓了延误激活率上升至最大值的时刻，并以最缓慢的幅度下降到延误激活率极小值 2.609，高于其他实验分组中的延误激活率极小值，而后延误激活率缓慢回升后快速下降，在这一区间内达到极小值 2.349，低于其他实验分组中的延误激活率在相应区间内的极小值。在图 5.9(c)中，CD_Group 8 同时增加 3 种耦合度，延误损耗率以先陡峭后平缓的趋势上升到第一个波峰极大值 3.160，增长率为 0.003 99，延误损耗率达到极大值的时刻最晚，并以最缓慢的幅度下降到波谷极小值3.060,高于其他实验分组中的延误损耗率极小值;而 CD_Group 9 同时减少 3 种耦合度,延误损耗率以 0.004 09 的斜率增长到第一个波峰极大值 3.012,明显低于其他实验分组中的延误损耗率极大值,并以最大幅度下降到波谷极小值 2.419,低于其他实验分组中的延误损耗率极小值。可见,同时改变延误要素链式反应模型中的 3 种耦合度,其曲线变化趋势与单独改变某一种耦合度的曲线形态相同,但曲线变化幅度相比其他实验分组有大幅度增加。

此外,在改变系统耦合度的实验分组 CD_Group 2 和 CD_Group 3 中,当 366 s 时,系统耦合度增加时的延误因子激活度是系统耦合度减少时的 1.053 倍;在改变供体因子耦合度的实验分组 CD_Group 6 和 CD_Group 7 中,当 356 s 时,供体因子耦合度增加时的航班延误因子激活度是供体因子耦合度减少时的 1.339 倍;在同时改变 3 种耦合度的实验分组 CD_Group 8 和 CD_Group 9 中,当 332 s 时,3 种耦合度同时增加时的航班延误因子激活度是 3 种耦合度同时减少时的 2.035 倍。因此,通过基于耦合度差异的 9 组实验方案可以看出,航班延误因子激活度可以通过同时减少系统耦合度、孕育环境因子耦合度和供体因子耦合度的措施使各种延误要素对航班的延误激活作用得到抑制,延缓航班延误因子激活度的增加速度,从而为控制航班延误风险争取时间。

5.2.3 基于航班承载能力差异的仿真结果分析

航班承载能力是延误抵抗能力(antiDelayCapacity)和延误恢复能力(bearingCapacity)的综合体现,然而在实际航班延误处置过程中,可以利用的延误处置资源并不是无穷无尽的,那么如何在有限的延误处置资源下进行有效的延误前预防、延误中控制和延误后恢复,成为民航相关部门重点关注的问题。因此,提出了基于航班承载能力差异的实验方案,将使用全部可利用资源时航班的承载能力值量化为 100,通过改变航班的延误抵抗能力和延误恢复能力的资源配比,来评估延误处置资源配置对延误要素链式演化的影响情况,基于航班承载能力差异的实验方案如表 5.5 所列。

表 5.5 基于航班承载能力差异的实验方案

实验分组	航班承载能力变动方案	航班承载能力变动比例	变动后的航班承载能力值	航班承载能力初始值
DB_Group 1	延误抵抗能力	不变	50	50
	延误恢复能力		50	50
DB_Group 2	延误抵抗能力	提高 25%	62.5	50
	延误恢复能力	降低 25%	37.5	50
DB_Group 3	延误抵抗能力	提高 50%	75	50
	延误恢复能力	降低 50%	25	50
DB_Group 4	延误抵抗能力	降低 25%	37.5	50
	延误恢复能力	提高 25%	62.5	50
DB_Group 5	延误抵抗能力	降低 50%	25	50
	延误恢复能力	提高 50%	75	50

根据以上 5 组仿真实验方案,基于航班承载能力差异的延误要素链式反应航班延误因子激活度、延误激活率和延误损耗率变化情况如图 5.10 所示。

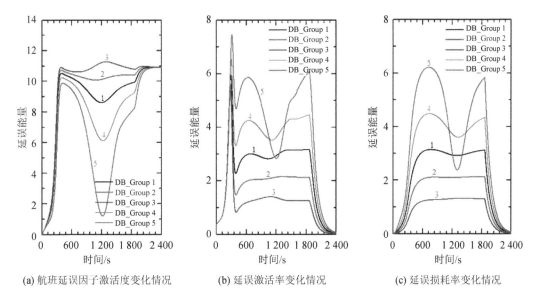

(a) 航班延误因子激活度变化情况　　(b) 延误激活率变化情况　　(c) 延误损耗率变化情况

图 5.10　基于航班承载能力差异的延误要素链式反应变化情况

在固定投入一定数量的航班承载能力资源时,通过调整不同的延误抵抗能力和延误恢复能力资源投入,分别得到如图 5.10(a)、图 5.10(b) 和图 5.10(c) 所示的基于航班承载能力差异的 5 组实验方案下航班延误因子激活度、延误激活率和延误损耗率变化情况。将其他几个分组实验与原始实验 DB_Group 1 对比可以看出,在图 5.10(a) 中,原始实验 DB_Group 1 航班延误因子激活度增长到第一个波峰的时刻为 392 s,此时的极大值为 10.526;DB_Group 2 和 DB_Group 3 航班延误因子激活度增长到第一个波峰的时刻依次提前,分别为 386 s 和 382 s,极大值逐渐增加,分别为 10.737 和 10.903;而 DB_Group 4 和 DB_Group 5 航班延误因子激活度增长到第一个波峰的时刻依次出现延迟,分别为 402 s 和 414 s,极大值逐渐减小,分别为 10.248 和 9.882。在图 5.10(b),原始实验 DB_Group 1 延误激活率达到最大值的时刻为 292 s,最大值为 5.938;DB_Group 2 和 DB_Group 3 中,虽然延误激活率在增加到最大值时的时刻依次提前,分别为 286 s 和 282 s,但是最大值却逐渐减小,分别为 5.592 和 5.388;然而 DB_Group 4 和 DB_Group 5,虽然延误激活率在增加到最大值的时刻依次出现延迟,分别为 302 s 和 314 s,但是最大值却逐渐增加,分别为 6.537 和 7.456。在图 5.10(c) 中,原始实验 DB_Group 1 延误损耗率达到最大值的时刻为 762 s,最大值为 3.138;DB_Group 2 和 DB_Group 3 延误损耗率不仅增加到最大值时的时刻依次推迟,分别为 838 s 和 1 400 s,而且最大值也逐渐减小,分别为 2.096 和 1.316;然而 DB_Group 4 和 DB_Group 5 延误损耗率不仅增加到最大值的时刻依次出现提前,分别为 732 s 和 720 s,而且最大值也逐渐增加,分别为 4.474 和 6.205。可见,在航班延误处置总资源固定不变的情况下,随着延误抵抗能力投入的增加和延误恢复能力投入的减少(DB_Group 2 和 DB_Group 3),延误激活率和延误损耗率的变化趋势均不断下降,并且加速延误激活率的增长,减缓延误损耗率的增长,从而导致航班延误因子激活度上升到第一个波峰的时刻不断提前,航班延误因子激活程度不断增强,促进了航班潜在延误风险;而随着延误抵抗能力投入的减少和延误恢复能力投入的增加(DB_Group 4 和 DB_Group 5),延误激活率和延误损耗率的变化趋势均不断增长,同时减缓了延误激活率的增长,加速了延误损耗率的增长,从而导致航班延误因子激活度上升到第一个波峰的时刻不断推迟,航班延误因子激活程度不断减弱,抑制了航班潜在延误风险。

此外,随着延误要素链式反应的进一步发展,不同实验方案下航班延误因子激活度、延误激活率和延误损耗率的变化情况越来越明显。

在图5.10(a)中,原始实验DB_Group 1航班延误因子激活度增长到第一个波峰后缓慢下降至波谷,此时的极小值为8.601;而DB_Group 2和DB_Group 3航班延误因子激活度增长到第一个波峰后下降幅度较DB_Group 1更为平缓,航班延误因子激活度下降至波谷时的极小值分别为10.085和10.612,依次高于DB_Group 1航班延误因子激活度极小值。特别地,DB_Group 3航班延误因子激活度下降至波谷后又出现第二个波峰,达到航班延误因子激活度最大值11.271;DB_Group 4和DB_Group 5航班延误因子激活度增长到第一个波峰后快速下降,且下降幅度依次增强,航班延误因子激活度下降至波谷时的极小值分别为6.120和1.203,明显低于DB_Group 1航班延误因子激活度极小值。

在图5.10(b)中,原始实验DB_Group 1延误激活率达到最大值后以−0.037的斜率下降至第一个波谷,此时的极小值为2.269,并再次上升至第二个波峰,此时的极大值为2.997,而后有所下降,出现第二个波谷,此时的极小值为2.819;而DB_Group 2和DB_Group 3延误激活率达到最大值后分别以−0.038和−0.40的斜率下降至第一个波谷,此时的极小值分别为1.469和0.831,而后缓慢增加并保持相对稳定,与DB_Group 1相比,DB_Group 2和DB_Group 3的延误激活率下降幅度依次变得陡峭,延误激活率的整体水平依次降低;DB_Group 4和DB_Group 5延误激活率达到最大值后分别以−0.036和−0.033的斜率下降至第一个波谷,此时的极小值分别为3.307和4.678,并快速上升至第二个波峰,此时的极大值分别为4.248和5.853,而后又快速下降至第二个波谷,此时的极小值分别为3.509和2.833,与DB_Group 1相比,DB_Group 4和DB_Group 5的延误激活率出现剧烈波动,延误激活率的整体水平依次提高,但DB_Group 5延误激活率的部分值低于DB_Group 1和DB_Group 4的部分值。

在图5.10(c)中,原始实验DB_Group 1延误损耗率上升到最大值后缓缓下降至波谷,此时的极小值为2.912;而DB_Group 2和DB_Group 3延误损耗率上升到最大值后几乎保持水平稳定,未出现明显的下降趋势;DB_Group 4和DB_Group 5延误损耗率上升到最大值后快速下降至波谷,此时的极小值分别为3.596和2.371,与DB_Group 1相比,DB_Group 4和DB_Group 5的延误损耗率同样出现整体水平依次提高的剧烈波动,DB_Group 5延误损耗率处于波谷时的极小值明显低于DB_Group 1和DB_Group 4的极小值。

综上进一步说明,在航班延误处置总资源固定不变的情况下,增加延误抵抗能力投入、减少延误恢复能力投入,不仅会使航班延误因子激活程度在延误要素链式演化初期不断加强,更会导致航班延误因子激活程度在延误要素链式演化的中后期保持较大幅度的增强,对延误要素链式演化的整个阶段产生促进作用;然而减少延误抵抗能力投入、增加延误恢复能力投入,不仅能够削弱各种延误要素在链式演化初期对航班的延误激活程度,而且能够在延误要素链式演化的中后期使航班延误因子激活程度急剧降低,对延误要素链式演化的整个阶段产生抑制作用。

通过基于航班承载能力差异的5组实验方案可以看出,在有限的航班延误处置资源条件下,应该更加注重延误恢复能力资源的投入,通过减少延误抵抗能力、增加延误恢复能力的措施,抑制各种延误要素对航班的延误激活作用。这是由于延误抵抗能力与航班自身运行条件相关,是在航班延误前就已经确定的,面对航班实际运行时各种延误要素的多元化扰动,延误抵抗能力往往不能充分发挥有效的抵御效果,然而延误恢复能力可以在航班延误发生过程中根据延误情况做出延误处置方案,实时调配延误恢复资源的投入,使得民航相关部门在应对航班延误时,能够通过合理的航班承载能力资源配比达到最佳的航班延误因子激活程度抑制效果。

5.2.4　基于延误恢复迟滞时间差异的仿真结果分析

延误要素链式反应在航班延误恢复过程中可能出现时间迟滞效应,致使延误恢复信息和延误恢复资源不能及时响应,例如,延误信息无法及时获取或发送、恢复指挥调配的延迟、恢复资源无法及时到位等,这些现实中可能存在的因素都会对航班延误恢复效果产生影响。因此,提出了基于延误恢复迟滞时间差异的实验方案,模拟响应时间延迟对延误要素链式演化的影响情况,基于延误恢复迟滞时间差异的实验方案如表 5.6 所列。

表 5.6　基于延误恢复迟滞时间差异的实验方案

实验分组	延误恢复迟滞时间变动方案	延误恢复迟滞时间变动比例	变动后的延误恢复迟滞时间	延误恢复迟滞时间初始值
DT_Group 1	延误恢复迟滞时间	减少 1 倍	0	2
DT_Group 2	延误恢复迟滞时间	不变	2	2
DT_Group 3	延误恢复迟滞时间	增加 1 倍	4	2
DT_Group 4	延误恢复迟滞时间	增加 2 倍	6	2
DT_Group 5	延误恢复迟滞时间	增加 3 倍	8	2

根据以上 5 组仿真实验方案,基于延误恢复迟滞时间差异的延误要素链式反应航班延误因子激活度、延误激活率和延误损耗率变化情况如图 5.11 所示。

从实验分组 DT_Group 1 到 DT_Group 5 延误恢复迟滞时间逐渐延长,对比不同的实验方案能够发现:

在图 5.11(a)中,随着延误恢复迟滞时间的推延,航班延误因子激活度增加到第一个波峰时的极大值分别为 10.292、10526、10.728、10.833 和 10.896,航班延误因子激活程度逐渐变大,而后延误因子激活度逐渐下降到波谷,此时的极小值分别为 8.694、8.601、8.615、8.838 和 9.147,DT_Group 2 至 DT_Group 5 延误恢复迟滞时间的推延导致航班延误因子激活度的下降程度越来越小,DT_Group 1 航班延误因子激活度的下降程度处于 DT_Group 3 和 DT_Group 4 之间。

在图 5.11(b)中,随着延误恢复迟滞时间的推延,延误激活率上升到第一个波峰时的最大值分别为 7.135、5.938、5.588、5.468 和 5.383,增长幅度逐渐减小,然而达到最大值的时刻依次提前,分别为 310 s、292 s、286 s、284 s 和 282 s,此后延误激活率快速下降,DT_Group 1 延误激活率快速下降至 410 s 左右变为缓慢下降,达到第一个波谷,此时的极小值为 2.777,DT_Group 2 延误激活率首先快速下降至第一个波谷,此时极小值为 2.269,而后有所上升后再次下降至第二个波谷,此时的极小值为 2.819,DT_Group 3、DT_Group 4 和 DT_Group 5 延误

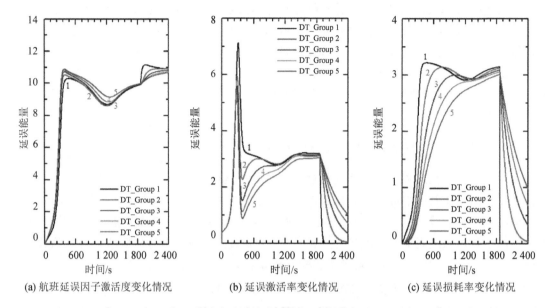

(a) 航班延误因子激活度变化情况　　(b) 延误激活率变化情况　　(c) 延误损耗率变化情况

图 5.11　基于延误恢复迟滞时间差异的延误要素链式反应变化情况

激活率均呈现出快速下降至第一个波谷后缓慢上升的趋势,此时的极小值逐渐减小,分别为 1.513、1.119 和 0.878。

在图 5.11(c)中,DT_Group 1、DT_Group 2 和 DT_Group 3 延误损耗率均呈现出快速上升到第一个波峰后缓慢下降至波谷的趋势,并且增长到第一波峰的时刻依次推迟,分别为 460 s、762 s 和 1 004 s,此时的极大值也依次减小,分别为 3.214、3.128 和 2.996,而 DT_Group 4 和 DT_Group 5 延误损耗率均呈现出持续增长的趋势,直到延误恢复措施终止时才缓慢下降。

可见,随着延误恢复迟滞时间的推延,航班延误因子激活度的增长速率越来越陡峭,航班延误因子激活程度逐渐增加,当其增加到一定程度时,航班延误因子激活度的减少程度随着延误恢复时间的推延越来越小;另外,从延误激活率和延误损耗率的整体变化趋势来看,随着延误恢复迟滞时间的推延,延误激活率的变化幅度和激活水平逐渐减小,从延误激活率各条曲线之间的间距来看,这种减小的趋势在不断缩小,延误损耗率的变化幅度和损耗水平也在明显减弱,但从延误损耗率各条曲线之间的间距来看,这种减小的趋势在不断放大。

由于在延误要素链式演化初期,延误要素对航班的干扰作用还未产生累积,若航班延误恢复措施不发生迟滞,延误恢复资源在初期发挥了明显的延误损耗效果,但在后期可能导致延误恢复资源供应不足,在延误恢复结束前后会使延误因子激活作用发生突变,不利于延误恢复效果的可持续性。由此可见,短暂的延误恢复迟滞不会对延误要素演化和航班恢复造成明显的影响,而随着延误恢复迟滞时间的延长,延误要素对航班的干扰作用持续累积,航班延误因子激活度和延误激活率在增长过程中发生明显的时间前移,尽管延误激活率和延误损耗率的变化幅度和速率水平都在随着延误恢复迟滞时间的延长而逐渐减小,但延误损耗率的减小趋势大于延误激活率的减小趋势,使得延误因子激活程度呈现出随着延误恢复迟滞时间的延长而逐渐增强的趋势,促进了潜在延误风险被快速激活至最大程度的可能性,增加了航班延误恢复的难度。

5.3 航班状态动态级联延误蔓延动力学仿真实验方案对比分析

航班延误蔓延双层耦合交互蔓延网络中,延误要素演化结果将通过层间耦合交互边对航空运输网络中的航班产生初始延误刺激,导致延误效应在航班状态演化网络中动态级联链式蔓延。为了深入分析航班动态级联延误蔓延触发策略对航空运输网络中航班延误的波及程度和蔓延影响,采用"起飞航班波"时段的航班运行数据,分别设置 3 组仿真实验方案,如表 5.7 所列,从而模拟不同初始延误情景下航班延误动态级联蔓延趋势,为民航相关部门防范由单一航班延误蔓延扩散为"涟漪式"大面积航班延误、根据航班延误动态及时阻断延误蔓延趋势提供预测依据。

表 5.7 航班状态动态级联延误蔓延动力学仿真实验方案

实验分组	实验方案设计
基于 RTD 方式的仿真结果分析	按照第 4.3.3 节中航班状态演化函数和参数设置来进行仿真实验,基于 RTD 方式随机选取航空运输网络中的航班发生初始延误
基于 TTD 方式机场节点初始延误选取策略差异分析	在第 4.3.3 节实验参数设置的基础上,基于 TTD 方式按照机场定位分类选取航空运输网络关键机场节点发生初始延误,分析机场节点初始延误选取策略差异对航班延误蔓延趋势的影响
基于 TTD 方式航班节点初始延误选取策略差异分析	在第 4.3.3 节实验参数设置的基础上,基于 TTD 方式按照航班执飞航段数量选取航空运输网络关键航班节点发生初始延误,分析航班节点初始延误选取策略差异对航班延误蔓延趋势的影响

5.3.1 RTD 方式下航班状态动态级联延误蔓延动力学仿真结果分析

在航班状态动态级联延误蔓延动力学仿真模型中,根据航班动态级联延误触发策略,采用随机性触发延误 RTD 方式,使延误要素链式反应随机作用于航空运输网络中的某个节点,即每个航班在各自的延误要素链式反应系统干扰作用下,随机选取某个机场节点或航班节点受到被激活的延误要素刺激,使这些延误要素与随机选取的某个机场节点或航班节点之间形成层间耦合交互边,促使这些节点发生初始延误。

1. 基于 RTD 方式的延误航班数量随时间变化情况

RTD 方式下整个进离港阶段总延误、离港 1 延误、进港 1 延误、离港 2 延误和进港 2 延误的航班数量随时间变化情况如图 5.12 所示,延误航班数量呈现出先增长后保持水平稳定的趋势。

从图 5.12 中黑色总延误航班数量随时间变化曲线可以看出,总延误航班数量呈现出两阶段增长态势。首先,总延误航班数量以每分钟 1.263 个航班的增长率快速增加到第一阶段最大值 24 个延误航班,占总航班数量的 21.82%,而后保持一段时间稳定不变,该阶段总延误航班数量受到离港 1 延误航班数量的影响。随着进港 1 延误航班数量的增加以及两航段航班第二航段飞行任务的执行,进入第二个增长阶段,以每分钟 0.298 个航班的增长率增加到整个进离港阶段的最大值 64 个延误航班,占总航班数量的 58.18%,该阶段总延误航班数量受到进港 1、离港 2 和进港 2 延误航班数量的共同影响。

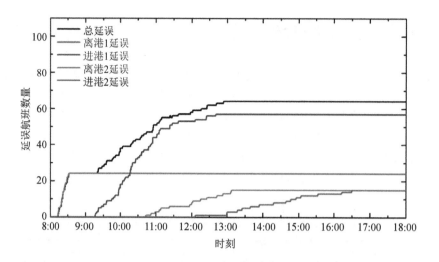

图 5.12　基于 RTD 方式的延误航班数量随时间变化情况

此外,进一步将航班执行阶段进行细分可以发现:

在航班在执行第一航段飞行任务时,其离港 1 和进港 1 延误航班数量随时间变化如图 5.12 中红色曲线和蓝色曲线所示。8:02 航班开始进入离港 1 延误阶段,8:21 离港 1 延误航班数量增长到最大值 24 个,增长率为每分钟 1.2 个航班,随后离港 1 延误航班数量保持水平稳定,此时延误航班数量占总航班数量的 21.82%。9:05 航班进入进港 1 延误阶段,随着航班进港数量的不断增加,进港 1 延误航班数量也不断增加,12:30 进港 1 延误航班数量增长到最大值 57 个,增长率为每分钟 0.277 个航班,随后进港 1 延误航班数量保持水平稳定,此时延误航班数量占总航班数量的 51.82%。其中,进离港 1 阶段中单航段航班和两航段航班的延误数量区别如表 5.8 所列。

表 5.8　RTD 方式下进离港 1 阶段单航段航班和两航段航班延误数量区别

阶　　段	统计指标	单航段航班	两航段航班
离港 1 延误	延误航班数量	21	3
	占各类型航班数量比重	23.33%	15%
	延误航班增长率	1.105	0.429
进港 1 延误	延误航班数量	49	8
	占航班总数比重	54.55%	40%
	延误航班增长率	0.224	0.052

注:延误航班数量单位为个;延误航班增长率单位为个航班/min。

在两航段航班在完成第一航段航班任务后继续执行第二航段的飞行任务时,其在第二航段的离港 2 和进港 2 延误航班数量随时间变化如图 5.12 中绿色曲线和粉色曲线所示。10:32 两航段航班进入离港 2 延误阶段,12:56 离港 2 延误航班数量达到最大值 15 个,增长率为每分钟 0.103 个航班,随后离港 2 延误航班数量保持水平稳定,此时延误航班数量占两航段航班总数量的 75%。11:55 两航段航班进入进港 2 延误阶段,随着航班进港数量的不断增加,两航段航班进港 2 延误数量也不断增加,16:19 进港 2 延误航班数量达到最大值 15 个,增长率为每分钟 0.057 个航班,随后进港 2 延误航班数量保持水平稳定,此时延误航班数量占两航段航班总数量的 75%。

从基于 RTD 方式的延误航班数量随时间变化情况可以看出,在 RTD 方式下航班执行第一航段飞行任务时,进港延误航班数量明显多于离港延误航班数量,进港延误航班数量约为离港延误航班数量的 2.375 倍,然而由于进港延误航班的增长持续时间较长,使得进港延误航班增长率较离港延误航班增长率平缓。其中,单航段航班在离港 1 和进港 1 延误阶段的延误航班数量比重均较大,分别是两航段航班的 1.555 倍和 1.361 倍,而且单航段航班延误数量增长率均快于两航段航班,分别比两航段航班增加了 1.576 倍和 3.308 倍。另外,对比两航段航班在进离港 1 和进离港 2 阶段的延误航班数量可以发现,连续执行多个飞行任务的航班在后续飞行阶段的进离港延误航班数量显著增加,呈现出成倍增长趋势,两航段航班在执行第二航段飞行任务时其离港 2 延误航班数量比离港 1 增加了 4 倍,进港 2 延误航班数量比进港 1 增加了 87.5%。

2. 基于 RTD 方式的平均延误时间随时间变化情况

RTD 方式下各航班总平均延误时间、离港 1 平均延误时间、进港 1 平均延误时间、离港 2 平均延误时间和进港 2 平均延误时间随时间变化情况如图 5.13 所示,平均延误时间均呈现出先上升后平稳的趋势。

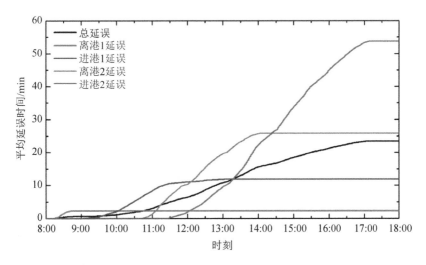

图 5.13　基于 RTD 方式的平均延误时间随时间变化情况

从图 5.13 中黑色总平均延误时间随时间变化曲线可以看出,总平均延误时间呈现先持续增长后保持水平稳定态势,平均以每分钟产生 0.044 min 延误的速率增长到最大值 23.452 min。

此外,进一步将航班执行阶段进行细分可以发现:

在航班在执行第一航段飞行任务时,其离港 1 和进港 1 平均延误时间随时间变化如图 5.13 中红色曲线和蓝色曲线所示。在航班离港 1 阶段,8:03 离港 1 平均延误时间开始逐渐增加,直至 8:35 上升到最大值 2.318 min,此时 110 个航班全部离港飞行于航空运输网络中,此后离港 1 平均延误时间保持不变不再增长,该阶段各航班的离港 1 延误时间平均以每分钟产生 0.070 min 延误的速率进行增长。在航班进港 1 阶段,进港 1 平均延误时间从 8:53 开始逐渐增加,直至 12:53 上升到最大值 11.849 min,此时 110 个航班全部进港完成了第一个航段的飞行任务,此后进港 1 平均延误时间不再变化,该阶段各航班的进港 1 延误时间平均以每分钟产生 0.049 min 延误的速率进行增长。进离港 1 阶段中单航段航班和两航段航班的平均延误时间区别如表 5.9 所列。

表 5.9 基于 RTD 方式的进离港 1 阶段单航段航班和两航段航班平均延误时间区别

阶 段	统计指标	单航段航班	两航段航班
离港 1 延误	平均延误时间最大值	2.433	1.8
	延误时间增长率	0.078	0.086
进港 1 延误	平均延误时间最大值	12.749	7.8
	延误时间增长率	0.053	0.040

注:平均延误时间最大值单位为 min;延误时间增长率单位为分钟延误/min。

在两航段航班在完成第一航段航班任务后继续执行第二航段的飞行任务时,其在第二航段的离港 2 和进港 2 平均延误时间随时间变化如图 5.13 中绿色曲线和粉色曲线所示。在离港 2 阶段,两航段航班于 10:33 开始出现离港 2 平均延误时间的增长,直至 13:51 离港 2 平均延误时间增长到最大值 25.85 min,此时两航段航班全部离港飞行于航空运输网络中,该阶段各航班的离港 2 延误时间平均以每分钟产生 0.130 min 延误的速率进行增长。随后 11:17 开始进港 2 平均延误时间逐渐增加,直至 16:57 增长到最大值 53.792 min,此时两航段航班全部进港完成了第二航段的飞行任务,该阶段各航班的进港 2 延误时间平均以每分钟产生 0.158 min 延误的速率进行增长。

从基于 RTD 方式的平均延误时间随时间变化情况可以看出,在 RTD 方式下航班执行第一航段飞行任务时,进港平均延误时间明显长于离港平均延误时间,进港平均延误时间约为离港平均延误时间的 5.111 倍,然而由于进港平均延误时间的增长持续时间较长,使得进港平均延误时间增长率较离港平均延误时间增长率平缓。其中,单航段航班在离港 1 和进港 1 阶段的平均延误时间均长于两航段航班,分别是两航段航班的 1.352 倍和 1.634 倍,但在离港 1 阶段,两航段航班的平均延误时间增长较快,约为单航段航班的 1.092 倍,而在进港 1 阶段,单航段航班的平均延误时间增长较快,约为两航段航班的 1.309 倍。另外,对比两航段航班在进离港 1 和进离港 2 阶段的平均延误时间可以发现,连续执行多个飞行任务的航班在后续飞行阶段的进离港平均延误时间明显延长,呈现出成倍增长趋势,两航段航班在执行第二航段飞行任务时其离港 2 平均延误时间比离港 1 增加了 13.361 倍,离港 2 平均延误时间增长率增加了 51.549%,两航段航班进港 2 平均延误时间比进港 1 增加了 5.896 倍,进港 2 平均延误时间增长率增加了 2.903 倍。

3. 基于 RTD 方式的各机场进离港延误情况

图 5.14(a)、图 5.14(b) 和图 5.15 所示分别为 RTD 方式下各机场进离港延误航班数量情况、平均延误时间情况和各机场进离港延误情况分布。

从图 5.14(a) 各机场进离港延误航班数量情况中可以看出:对于机场离港延误,航空运输网络中共有 26 个机场出现离港延误航班,占机场总数的 47.27%,离港延误航班数量为 39 个,占航班总数的 35.45%,在这些出现离港延误的机场中,有 10 个机场离港延误航班多于离港正常航班;对于机场进港延误,航空运输网络中共有 33 个机场出现进港延误航班,占机场总数的 60％,进港延误航班数量为 72 个,占航班总数的 65.45％,在这些出现进港延误的机场中,有 24 个机场进港延误航班多于进港正常航班。另外,对比图 5.14(a)中红色和蓝色柱形离港和进港延误航班数量差发现,有 9 个机场离港延误航班数量较多,22 个机场进港延误航班数量较多,航空运输网络中各机场进离港延误情况分布如图 5.15 所示。

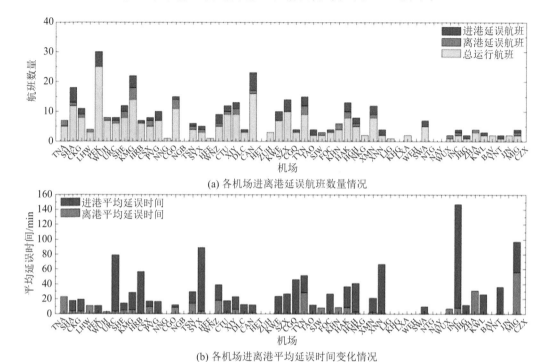

(a) 各机场进离港延误航班数量情况

(b) 各机场进离港平均延误时间变化情况

图 5.14　基于 RTD 方式的各机场进离港延误情况

从图 5.14(b)各机场进离港平均延误时间情况中可以进一步发现,各机场离港平均延误时间为 5.093 min,进港平均延误时间为 17.889 min。在 26 个离港延误机场中,包括 7 个 2 000 万级以上机场、8 个 2 000 万级机场、7 个 1 000 万级机场和 4 个 200 万至千万级机场,各级别机场的离港平均延误时间分别为 3.44 min、6.565 min、14.5 min 和 25.5 min。其中,对比图 5.14(b)中红色和蓝色柱形离港和进港平均延误时间差发现,有 11 个机场的离港平均延误时间多于进港平均延误时间,这些机场离港平均延误时间与进港平均延误时间的差值平均为 10.911 min,离港平均延误时间与进港平均延误时间的差值在 3 个 2 000 万级机场中增加了 3.675 min,在 5 个 1 000 万级机场中增加了 11.2 min,在 3 个 200 万至千万级机场中增加了 17.667 min。另外,在 33 个进港延误机场中,包括 10 个 2 000 万级以上机场、10 个 2 000 万级机场、6 个 1 000 万级机场和 7 个 200 万至千万级机场,各级别机场的进港平均延误时间分别为 18.752 min、32.606 min、23.210 min 和 47.290 min,对比图 5.14(b)中红色和蓝色柱形离港和进港平均延误时间差发现,有 29 个机场平均进港延误时间多于平均离港延误时间,这些机场进港平均延误时间与离港平均延误时间的差值平均为 28.407 min,进港平均延误时间与离港平均延误时间的差值在 10 个 2 000 万级以上机场中增加了 16.344 min,在 8 个 2 000 万级机场中增加了 35.570 min,在 5 个 1 000 万级机场中增加了 18.753 min,在 6 个 200 万至千万级机场中增加了 47.006 min。

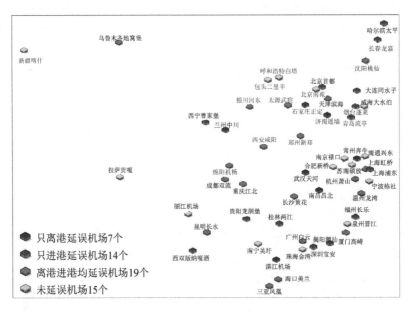

图 5.15　基于 RTD 方式的各机场进离港延误情况分布

从基于 RTD 方式的各机场进离港延误情况可以看出，由于航班执行量和航班计划密度的不同，在 RTD 方式下，未出现延误航班的机场为 1 个 2 000 万级机场、5 个 1 000 万级机场和 9 个 200 万至千万级机场，分别占相应级别机场数量的 8.33%、33.33% 和 50%。进离港均出现延误航班的机场为 7 个 2 000 万级以上机场、7 个 2 000 万级机场、3 个 1 000 万级机场和 2 个 200 万至千万级机场，分别占相应级别机场数量的 70%、58.33%、20% 和 11.11%。只出现离港延误航班的机场为 1 个 2 000 万级机场、4 个 1 000 万级机场和 2 个 200 万至千万级机场，分别占相应级别机场数量的 8.33%、26.67% 和 11.11%。只出现进港延误航班的机场为 3 个 2 000 万级以上机场、3 个 2 000 万级机场、3 个 1 000 万级机场和 5 个 200 万至千万级机场，分别占相应级别机场数量的 30%、25%、20% 和 27.78%。可见，在 RTD 方式下进离港均正常航班主要出现在 200 万至千万级机场，进离港均延误航班主要出现在 2 000 万级以上机场，只发生离港延误航班主要出现在 1 000 万级机场，而只发生进港延误航班在各级别机场出现的可能性相差不大。

从基于 RTD 方式的各机场进离港平均延误时间情况可以看出，在 RTD 方式下，各机场进港平均延误时间明显长于离港平均延误时间，进港平均延误时间约为离港平均延误时间的 3.513 倍，进港平均延误时间较长的机场中进港与离港平均延误时间的差值明显长于离港平均延误时间较长的机场中离港与进港平均延误时间的差值，前者约为后者的 2.603 倍。将各机场级别进行细分可以发现，随着机场级别的降低，机场离港平均延误时间逐渐增加，而机场进港平均延误时间总体上随着机场级别的降低而逐渐增加，但 1 000 万级机场的进港平均延误时间介于 2 000 万级以上机场和 2 000 万级机场进港平均延误时间之间。

5.3.2　TTD 方式下机场节点初始延误选取策略差异的仿真结果分析

在航班状态动态级联延误蔓延动力学仿真模型中，根据航班动态级联延误触发策略，采用针对性触发延误 TTD 方式,基于机场节点初始延误选取策略差异,使延误要素链式反应作用于航空运输网络中的某些关键机场节点,在被激活的延误要素和关键机场节点之间形成初始层间耦合交互边,促使这些机场节点发生初始延误。根据中国民航局《2010/11 年冬春航季国内航线经营许可和航班评审规则》[61],航空运输网络中关键机场节点构成如表 5.10 所列。

表 5.10 航空运输网络关键机场节点构成

机场定位分类	机场构成
中国三大门户复合枢纽机场(3CHub)	北京首都国际机场、上海浦东国际机场、广州白云国际机场
中国八大区域性枢纽机场(8RHub)	重庆江北国际机场、成都双流国际机场、武汉天河国际机场、郑州新郑国际机场、沈阳桃仙国际机场、西安咸阳国际机场、昆明长水国际机场、乌鲁木齐地窝堡国际机场
中国十二大干线机场(12Main)	深圳宝安国际机场、南京禄口国际机场、杭州萧山国际机场、青岛流亭国际机场、大连周水子国际机场、长沙黄花国际机场、厦门高崎国际机场、哈尔滨太平国际机场、南昌昌北国际机场、南宁吴圩国际机场、兰州中川国际机场、呼和浩特白塔国际机场

为了探究 TTD 方式下机场节点初始延误选取策略差异对航班状态动态级联延误蔓延趋势的影响,分别针对 3CHub 机场、8RHub 机场和 12Main 机场设置了 3 组仿真实验,实验方案设置如表 5.11 所列,并将基于随机性触发延误 RTD 方式的航班状态动态级联延误蔓延情况设为对比实验组 IDS_Group1,模拟了 TTD 方式下不同定位的机场节点发生初始延误后的航班动态级联延误蔓延仿真结果变化情况。

表 5.11 TTD 方式下机场节点初始延误选取策略差异的实验方案

实验分组	初始延误选取对象	动态级联延误触发原则	初始延误选取策略
IDS_Group1	各机场节点	RTD 方式	各机场节点随机延误
IDS_Group2	关键机场节点	TTD 方式	3CHub 机场
IDS_Group3	关键机场节点	TTD 方式	8RHub 机场
IDS_Group4	关键机场节点	TTD 方式	12Main 机场

1. TTD 方式下机场节点初始延误选取策略差异的延误航班数量随时间变化情况

图 5.16(a)、图 5.16(b)、图 5.16(c)和图 5.16(d)所示分别为随机性触发延误 RTD 方式下对比实验组 IDS_Group1 和针对性触发延误 TTD 方式下机场节点初始延误选取策略差异的 3 组实验方案中离港 1(Dep1)与进港 1(Arr1)延误航班数量、离港 2(Dep2)与进港 2(Arr2)延误航班数量、整个进离港阶段(Total)总延误航班数量以及整个进离港阶段(Total)总正常航班数量随时间变化情况。

进离港 1 阶段和进离港 2 阶段 RTD 和 TTD 方式下机场节点初始延误选取策略差异的各组实验方案下延误航班数量区别如表 5.12 所列。

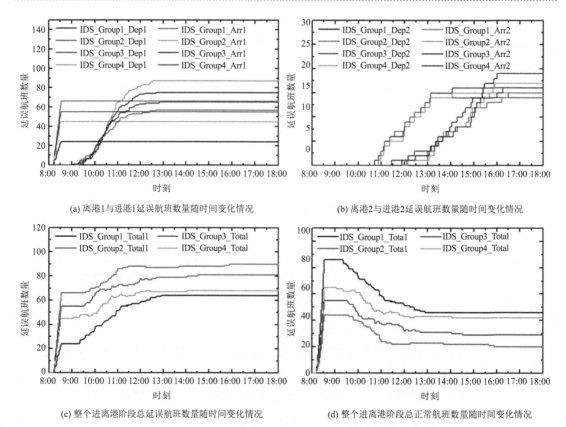

(a) 离港1与进港1延误航班数量随时间变化情况 (b) 离港2与进港2延误航班数量随时间变化情况

(c) 整个进离港阶段总延误航班数量随时间变化情况 (d) 整个进离港阶段总正常航班数量随时间变化情况

图 5.16　TTD 方式下机场节点差异的延误航班数量随时间变化情况

表 5.12　RTD 和 TTD 方式下机场节点初始延误选取策略差异的延误航班数量区别

阶　段	实验分组				
	统计指标	IDS_Group1	IDS_Group2	IDS_Group3	IDS_Group4
离港 1 延误	延误航班数量	24	66	55	45
	占航班总数比重	21.82%	60%	50%	40.91%
	延误航班增长率	1.2	3.143	2.619	2.143
进港 1 延误	延误航班数量	57	87	75	65
	占航班总数比重	51.82%	79.09%	68.18%	59.09%
	延误航班增长率	0.277	0.451	0.349	0.285
离港 2 延误	延误航班数量	15	14	16	15
	占航班总数比重	75%	70%	80%	75%
	延误航班增长率	0.103	0.097	0.079	0.078
进港 2 延误	延误航班数量	15	17	19	16
	占航班总数比重	75%	85%	95%	80%
	延误航班增长率	0.057	0.076	0.077	0.055

注：延误航班数量单位为个；延误航班增长率单位为个航班/min。

　　从图 5.16(a)和表 5.12 中可以看出,在航班在执行第一航段飞行任务时,各组实验方案中延误航班数量差别情况。IDS_Group2、IDS_Group3 和 IDS_Group4 中的离港 1 和进港 1 延误航班数量、离港 1 和进港 1 延误航班增长率均高于对比实验组 IDS_Group1。其中,离港 1 延误航班数量分别比对比实验组 IDS_Group1 增加了 1.75 倍、1.292 倍和 0.875 倍,离港 1 延误航班增长率分别增加了 1.619 倍、1.183 倍和 0.786 倍;进港 1 延误航班数量分别对比实验组 IDS_Group1 增加了 52.63%、31.58% 和 14.04%,进港 1 延误航班增长率分别增加了 62.91%、26.07% 和 3.03%。随着机场定位分类的下降,离港 1 和进港 1 延误航班数量、离港 1 和进港 1 延误航班增长率均逐渐降低,但均高于 RTD 方式,基于机场节点初始延误选取策略差异的 TTD 方式使第一航段进离港延误航班数量明显增加,且离港 1 延误航班数量比随机性触发延误方式增加的幅度高于进港 1。另外,在 TTD 方式下机场节点初始延误选取策略差异的 3 组实验方案中,进港 1 延误航班数量均明显多于离港 1 延误航班数量,分别比离港 1 增加了 1.375 倍、0.318 倍、0.364 倍和 0.444 倍,基于机场节点初始延误选取策略差异的 TTD 方式下,随着机场定位分类的下降,进港 1 与离港 1 延误航班数量差距逐渐增加,但均小于 RTD 方式。可见,在 TTD 方式下,针对 3CHub 机场的初始延误方案对航空运输网络中执行第一航段飞行任务的航班动态级联延误蔓延作用最为明显,进离港 1 延误航班数量最多,增长速率最快,其次依次为针对 8RHub 机场和 12Main 机场的初始延误方案;针对 3CHub 机场的初始延误方案下的进港 1 延误航班数量比离港 1 增加幅度最大,其次依次为针对 12Main 机场和 8RHub 机场的初始延误方案。

　　从图 5.16(b)和表 5.12 中可以看出,在两航段航班完成第一航段航班任务后继续执行第二航段飞行任务时,各组实验方案中延误航班数量差别情况。IDS_Group2、IDS_Group3 和 IDS_Group4 中的离港 2 和进港 2 延误航班数量均与对比实验组 IDS_Group1 相差不大,离港 2 延误航班增长率均小于对比实验组 IDS_Group1,分别比对比实验组 IDS_Group1 减少了 6.67%、23.43% 和 24.87%,进港 2 延误航班增长率在 IDS_Group4 中比对比实验组 IDS_Group1 减少了 2.53%,而其他实验方案中比对比实验组 IDS_Group1 增加了 33.48% 和 35.35%。随着机场定位分类的下降,离港 2 延误航班增长率逐渐降低,均低于 RTD 方式,进港 2 延误航班增长率逐渐增加,但 IDS_Group4 中进港 2 延误航班增长率介于 IDS_Group1 和 IDS_Group2 之间,基于机场节点初始延误选取策略差异的 TTD 方式没有对第二航段进离港延误航班数量产生明显变化。另外,在 TTD 方式下机场节点初始延误选取策略差异的 3 组实验方案中,进港 2 延误航班数量均多于离港 2 延误航班数量,分别比离港 2 增加了 21.43%、18.75% 和 6.67%,随着机场定位分类的下降,进港 2 与离港 2 延误航班数量差距逐渐减小,但均大于 RTD 方式。可见,在 TTD 方式下,针对 8RHub 机场的初始延误方案对航空运输网络中执行第二航段飞行任务的航班动态级联延误蔓延作用相对来说最为明显,进离港 2 延误航班数量最多,对于离港 2 延误航班数量其次依次为针对 12Main 机场和针对 3CHub 机场的初始延误方案,对于进港 2 延误航班数量依次为针对 3CHub 机场和针对 12Main 机场的初始延误方案;针对 3CHub 机场的初始延误方案下的进港 2 延误航班数量比离港 2 增加幅度最大,依次为针对 12Main 机场和 8RHub 机场的初始延误方案。

　　从图 5.16(c)和图 5.16(d)整个进离港阶段来看,在 RTD 方式和基于机场节点初始延误选取策略差异的 TTD 方式中,总延误航班数量均呈现出两阶段增长态势。由于各组实验方案中总正常航班数量与总延误航班数量均表现出数量变化互补的关系,因此仅针对总延误航班数量进行分析,整个进离港阶段各组实验方案下总延误航班数量区别如表5.13所列。在TTD方式下机场节点初始延误选取策略差异的3组实验方案中,总延误航班数量均高于RTD方式。其中,采用针对3CHub机场的初始延误方案时,总延误航班数量最多,依次为针对8RHub机场和12Main机场的初始延误方案;针对3CHub机场的初始延误方案下的延误增长持续时间也最长。

表5.13 RTD和TTD方式下机场节点初始延误选取策略差异的总延误航班数量区别

阶 段		实验分组			
	统计指标	IDS_Group1	IDS_Group2	IDS_Group3	IDS_Group4
第一增长阶段	延误航班数量	24	66	55	45
	占航班总数比重	21.82%	60%	50%	40.91%
	延误航班增长率	1.263	3.143	2.619	2.143
第二增长阶段	延误航班数量	64	90	81	68
	占航班总数比重	58.18%	81.82%	73.64%	61.82%
	延误航班增长率	0.298	0.237	0.269	0.226

注:延误航班数量单位为个;延误航班增长率单位为个航班/min。

2. TTD方式下机场节点初始延误选取策略差异的平均延误时间随时间变化情况

图5.17(a)、图5.17(b)和图5.17(c)所示分别为随机性触发延误RTD方式下对比实验组IDS_Group1和针对性触发延误TTD方式下机场节点初始延误选取策略差异的3组实验方案中离港1(Dep1)与进港1(Arr1)平均延误时间、离港2(Dep2)与进港2(Arr2)平均延误时间以及整个进离港阶段(Total)各航班总平均延误时间随时间变化情况。

进离港1阶段和进离港2阶段RTD和TTD方式下机场节点初始延误选取策略差异的各组实验方案下平均延误时间区别如表5.14所列。

表5.14 RTD和TTD方式下机场节点初始延误选取策略差异的平均延误时间区别

阶 段		实验分组			
	统计指标	IDS_Group1	IDS_Group2	IDS_Group3	IDS_Group4
离港1延误	平均延误时间最大值	2.318	11.082	7.564	5.491
	延误时间增长率	0.070	0.188	0.168	0.112
进港1延误	平均延误时间最大值	11.849	19.721	16.792	14.103
	延误时间增长率	0.049	0.079	0.069	0.062
离港2延误	平均延误时间最大值	25.85	25.200	26.25	19.4
	延误时间增长率	0.130	0.136	0.126	0.085
进港2延误	平均延误时间最大值	53.792	51.242	56.359	32.533
	延误时间增长率	0.158	0.164	0.176	0.099
整个阶段	平均延误时间最大值	23.45	26.811	26.741	17.882
	延误时间增长率	0.044	0.053	0.052	0.034

注:平均延误时间最大值单位为min;延误时间增长率单位为分钟延误/min。

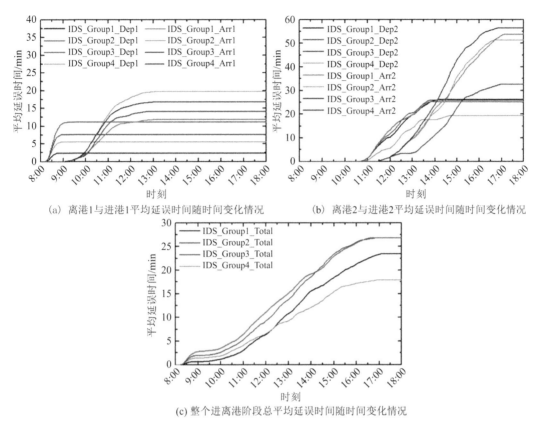

(a) 离港1与进港1平均延误时间随时间变化情况　　　(b) 离港2与进港2平均延误时间随时间变化情况

(c) 整个进离港阶段总平均延误时间随时间变化情况

图 5.17　TTD 方式下机场节点初始延误选取策略差异的平均延误时间随时间变化情况

从图 5.17(a) 和表 5.14 中可以看出,在航班在执行第一航段飞行任务时,各组实验方案中平均延误时间差别情况。IDS_Group2、IDS_Group3 和 IDS_Group4 中的离港 1 和进港 1 平均延误时间、离港 1 和进港 1 延误时间增长率均高于对比实验组 IDS_Group1。其中,离港 1 平均延误时间分别比对比实验组 IDS_Group1 增加了 3.780 倍、2.263 倍和 1.369 倍,离港 1 延误时间增长率分别增加了 1.674 倍、1.393 倍和 0.595 倍;进港 1 平均延误时间分别对比实验组 IDS_Group1 增加了 66.44％、41.72％和 19.02％,进港 1 延误时间增长率分别增加了 61.09％、40.55％和 26.37％。随着机场定位分类的下降,离港 1 和进港 1 平均延误时间、离港 1 和进港 1 延误时间增长率均逐渐降低,但均高于 RTD 方式,基于机场节点初始延误选取策略差异的 TTD 方式使第一航段进离港平均延误时间明显增加,且离港 1 平均延误时间比 RTD 方式增加的幅度高于进港 1 平均延误时间比 RTD 方式增加的幅度。另外,TTD 方式下机场节点初始延误选取策略差异的 3 组实验方案中,进港 1 平均延误时间均明显多于离港 1 平均延误时间,分别比离港 1 增加了 4.111 倍、0.780 倍、1.220 倍和 1.568 倍,随着机场定位分类的下降,进港 1 与离港 1 平均延误时间差距逐渐增大,但均小于 RTD 方式。

此外,将进离港 1 阶段中单航段航班和两航段航班进行划分,3 组实验方案下单航段航班和两航段航班的平均延误时间区别如表 5.15 所列。单航段航班的进离港 1 平均延误时间在 IDS_Group1、IDS_Group2 和 IDS_Group3 中均长于两航段航班,离港 1 平均延误时间分别比两航段航班长 0.352 倍、1.017 倍和 0.608 倍;进港 1 平均延误时间分别比两航段航班长 63.45％、23.93％和 18.35％。在 IDS_Group4 中两航段航班的离港 1 和进港 1 平均延误时间分别比单航段航班长 21.01％和 32.86％。

表 5.15　RTD 和 TTD 方式下机场节点初始延误选取策略差异的单航段和两航段航班平均延误时间区别

阶　　段	统计指标	实验分组							
		IDS_Group1		IDS_Group2		IDS_Group3		IDS_Group4	
		单	两	单	两	单	两	单	两
D1	ADTM	2.433	1.8	12.2	6.05	8.122	5.05	5.289	6.4
	DTIR	0.078	0.086	0.207	0.134	0.189	0.129	0.123	0.131
A1	ADTM	12.749	7.8	20.439	16.492	17.279	14.6	13.308	17.681
	DTIR	0.053	0.040	0.082	0.086	0.071	0.076	0.059	0.102

注:D1 表示离港 1 延误阶段,A1 表示进港 1 延误阶段,ADTM 表示平均延误时间最大值(单位为 min),DTIR 表示延误时间增长率(单位为分钟延误/min);单表示单航段航班,两表示两航段航班。

可见,在 TTD 方式下机场节点初始延误选取策略差异的 3 组实验方案中,针对 3CHub 机场的初始延误方案对航空运输网络中执行第一航段飞行任务的航班动态级联延误蔓延作用最为明显,进离港 1 平均延误时间最长,延误时间增长速率最快,其次依次为针对 8RHub 机场和 12Main 机场的初始延误方案;针对 12Main 机场的初始延误方案下的进港 1 平均延误时间比离港 1 增加幅度最大,依次为针对 8RHub 机场和 3CHub 机场的初始延误方案。通过细分进离港 1 阶段单航段航班和两航段航班可以进一步看出,离港 1 和进港 1 阶段单航段航班和两航段航班的平均延误时间差距分别在针对 3CHub 机场的初始延误方案和 RTD 方案中达到最大,单航段航班在针对 3CHub 机场的初始延误方案中进离港 1 平均延误时间一直保持最高值,而两航段航班在针对 12Main 机场的初始延误方案中进离港 1 平均延误时间一直保持最高值。

从图 5.17(b)和表 5.14 中可以看出,在两航段航班完成第一航段航班任务后继续执行第二航段飞行任务时,各组实验方案中平均延误时间差别情况。IDS_Group2 和 IDS_Group4 中的离港 2 和进港 2 平均延误时间均少于对比实验组 IDS_Group1。其中,离港 2 平均延误时间分别比对比实验组 IDS_Group1 减少了 2.58％和 33.25％,进港 2 平均延误时间分别对比实验组 IDS_Group1 减少了 4.98％和 65.35％;IDS_Group3 中的离港 2 和进港 2 平均延误时间均长于对比实验组 IDS_Group1,分别比对比实验组 IDS_Group1 增加了 1.55％和 4.77％,基于机场节点初始延误选取策略差异的 TTD 方式对第二航段进离港平均延误时间产生的变化有增有减。另外,在各组实验方案中,进港 2 平均延误时间均明显多于离港 2 平均延误时间,分别比离港 2 增加了 1.081 倍、1.033 倍、1.147 倍和 0.677 倍,进离港 2 平均延误时间差距在针对 8RHub 机场的初始延误方案中达到最大。在此基础上,对比两航段航班在进离港 1 和进离港 2 阶段的平均延误时间可以发现,在各组实验方案中,连续执行多个飞行任务的航班在后续飞行阶段的进离港平均延误时间均显著增加,呈现成倍增长趋势,两航段航班离港 2 平均延误时间分别比离港 1 增加了 13.361 倍、3.165 倍、4.198 倍和 2.031 倍,进港 2 平均延误时间分别比进港 1 增加了 5.896 倍、2.107 倍、2.860 倍和 0.840 倍;进离港 2 平均延误时间比进离港 1 平均延误时间的增加幅度在 RTD 方式下均是最大,其次为针对 8RHub 机场的初始延误方案。可见,在 TTD 方式下机场节点初始延误选取策略差异的 3 组实验方案中,针对 8RHub 机场的初始延误方案对航空运输网络中执行第二航段飞行任务的航班动态级联延误蔓延作用最为明显,进离港 2 平均延误时间最长,其次依次为 RTD 方式、针对 3CHub 机场和 12Main 机场的初始延误方案。

从图 5.17(c)和表 5.14 中整个进离港仿真过程来看,RTD 方式和基于机场节点初始延误选取策略差异的 TTD 方式中,总平均延误时间均呈现出持续增长态势。从整个进离港总平均延误时间来看,针对 3CHub 机场的 TTD 方式中总平均延误时间最长,延误时间增长速率最快;针对 8RHub 机场的 TTD 方式中总平均延误时间略次之,但这两种 TTD 方式中总平均延误时间均一直长于 RTD 方式。然而,针对 12Main 机场的 TTD 方式中总平均延误时间在 12:06 以前以 0.030 速率增长,略高于 RTD 方式,随后在航班执行第二航段时总平均延误时间增长速率逐渐下降,最终低于 RTD 方式。

3. TTD 方式下机场节点初始延误选取策略差异的各机场进离港延误情况

图 5.18(a)和图 5.18(b)、图 5.20(a)和图 5.20(b)所示分别为随机性触发延误 RTD 方式下对比实验组 IDS_Group1 和针对性触发延误 TTD 方式下机场节点初始延误选取策略差异的 3 组实验方案中各机场离港(DepDelay)延误航班数量、进港(ArrDelay)延误航班数量、离港(DepDelay)平均延误时间和进港(ArrDelay)平均延误时间的变化情况,图 5.19 所示为各机场进离港延误情况分布。

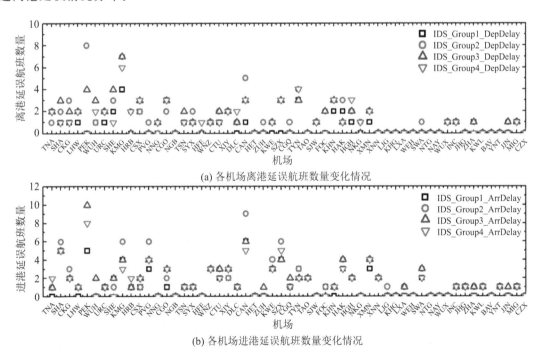

(a) 各机场离港延误航班数量变化情况

(b) 各机场进港延误航班数量变化情况

图 5.18　TTD 方式下机场节点初始延误选取策略差异的各机场进离港延误航班数量变化情况

RTD 和 TTD 方式下机场节点初始延误选取策略差异的各组实验方案中各机场离港和进港延误航班数量区别如表 5.16 所列。

表 5.16　RTD 和 TTD 方式机场节点初始延误选取策略差异的各机场进离港延误航班数量区别

阶　段	统计指标	分组方案			
		IDS_Group1	IDS_Group2	IDS_Group3	IDS_Group4
离港	DFN_dep	39	80	71	60
	DFP_dep	35.45%	72.73%	64.55%	54.55%
	DAN_dep	26	38	33	32
	DAP_dep	47.27%	69.09%	60%	58.18%
	AN_depDN	10	24	20	16
	AN_DA	9	16	14	15
进港	DFN_arr	72	104	94	81
	DFP_arr	65.45%	94.55%	85.45%	73.64%
	DAN_arr	33	39	40	34
	DAP_arr	60%	70.91%	72.73%	61.82%
	AN_arrDN	24	30	34	29
	AN_AD	22	18	21	19

注：DFN_dep 和 DFN_arr 分别表示各机场离港和进港延误航班数量合计值（单位为个），DFP_dep 和 DFP_arr 分别表示各机场离港和进港延误航班数量占总航班数量的比重（单位为%），DAN_dep 和 DAN_arr 分别表示出现离港延误航班和进港延误航班的机场数量合计值（单位为个），DAP_dep 和 DAP_arr 分别表示出现离港延误航班和进港延误航班的机场数量占机场总数的比重（单位为%），AN_depDN 表示离港延误航班多于离港正常航班的机场数量（单位为个），AN_arrDN 表示进港延误航班多于进港正常航班的机场数量（单位为个），AN_DA 表示离港延误航班多于进港延误航班的机场数量（单位为个），AN_AD 表示进港延误航班多于离港延误航班的机场数量（单位为个）。

从图 5.18 和表 5.16 中各机场进离港延误航班数量差别情况中可以看出，IDS_Group2、IDS_Group3 和 IDS_Group4 中的各统计指标值均高于对比实验组 IDS_Group1。对于各机场离港延误，各机场离港延误航班总数分别比对比实验组 IDS_Group1 增加了 1.051 倍、0.821 倍和 0.538 倍，出现离港延误航班机场数量分别比对比实验组 IDS_Group1 增加了 46.15%、26.92% 和 23.08%，离港延误航班多于离港正常航班的机场数量分别比对比实验组 IDS_Group1 增加了 1.4 倍、1 倍和 0.6 倍；对于各机场进港延误，IDS_Group2、IDS_Group3 和 IDS_Group4 中除了进港延误航班多于离港延误航班的机场数量以外，其他各统计指标值均高于对比实验组 IDS_Group1，各机场进港延误航班总数分别比对比实验组 IDS_Group1 增加了 44.44%、30.56% 和 12.5%，出现进港延误航班机场数量分别比对比实验组 IDS_Group1 增加了 18.18%、21.21% 和 3.03%，进港延误航班多于进港正常航班的机场数量分别比对比实验组 IDS_Group1 增加了 25%、41.67% 和 20.83%。在出现离港延误航班的机场中分别有 68.42%、63.64% 和 53.12% 的机场其离港延误航班数量多于对比实验组 IDS_Group1，在出现进港延误航班的机场中分别有 48.72%、45% 和 32.35% 的机场其进港延误航班数量多于对比实验组 IDS_Group1。离港方面，随着机场定位分类的下降，各机场离港延误航班总数、出现离港延误航班的机场数量和离港延误航班多于离港正常航班的机场数量均逐渐降低，各统计指标与对比实验组 IDS_Group1 的差距也均逐渐降低;进港方面,随着机场定位分类的下降,各机场进港延误航班总数逐渐降低,而出现进港延误航班的机场数量和进港延误航班多于进港正常航班的机场数量均在针对 8RHub 机场的初始延误方案下达到最大。基于机场节点初始延误选取策略差异的 TTD 方式不仅使出现进离港延误航班的机场个数增加,也使航空运输网络中进离港延误航班数量明显增加,且离港延误机场数量和航班数量比 RTD 方式增加的幅度均大于进港延误。另外,各组实验方案中,出现进港延误航班的机场数量均多于出现离港延误航班的机场数量,分别比出现离港延误航班的机场数量增加了 26.92%、2.63%、21.21% 和 6.25%,各机场进港延误航班总数也均多于各机场离港延误航班总数,分别比各机场离港延误航班总数增加了 84.62%、30%、32.39% 和 35%。

可见,在 TTD 方式下机场节点初始延误选取策略差异的 3 组实验方案中,针对 3CHub 机场的初始延误方案对航空运输网络中航班进离港延误蔓延作用最为明显,各机场进离港延误航班总数最多,其次依次为针对 8RHub 机场和 12Main 机场的初始延误方案;而对航空运输网络中机场离港延误蔓延作用最为明显的是针对 3CHub 机场的初始延误方案,其次依次为针对 8RHub 机场和 12Main 机场的初始延误方案;对机场进港延误蔓延作用最为明显的是针对 8RHub 机场的初始延误方案,其次依次为针对 3CHub 机场和 12Main 机场的初始延误方案;另外,针对 8RHub 机场的初始延误方案下进港延误机场数量增加幅度最大,其次依次为针对 12Main 机场和 3CHub 机场的初始延误方案。

RTD 和 TTD 方式下机场节点初始延误选取策略差异的各组实验方案下航空运输网络中各机场进离港延误情况分布如图 5.19 所示,根据表 4.2 和表 4.3 将机场级别划分为 2 000 万级以上机场(Ⅰ)、2 000 万级机场(Ⅱ)、1 000 万级机场(Ⅲ)和 200 万至千万级机场(Ⅳ),则各组实验方案下各级别机场进离港延误数量区别如表 5.17 所列。

表 5.17　RTD 和 TTD 方式下机场节点初始延误选取策略差异的各级别机场进离港延误数量区别

机场延误类型	机场级别	分组方案							
		IDS_Group1		IDS_Group2		IDS_Group3		IDS_Group4	
		数量	比重	数量	比重	数量	比重	数量	比重
DDA	Ⅰ	0	0	0	0	0	0	0	0
	Ⅱ	1	8.33	2	16.67	0	0	2	16.67
	Ⅲ	4	26.67	2	13.33	3	20	4	26.67
	Ⅳ	2	11.11	2	11.11	1	5.56	1	5.56
	合计	7	12.73	6	10.91	4	7.27	7	12.73
ADA	Ⅰ	3	30	0	0	1	10	2	20
	Ⅱ	3	25	1	8.33	2	16.67	1	8.33
	Ⅲ	3	20	0	0	2	13.33	1	6.67
	Ⅳ	5	27.78	6	33.33	6	33.33	5	27.78
	合计	14	25.46	7	12.73	11	20	9	16.36

机场延误类型	机场级别	分组方案							
		IDS_Group1		IDS_Group2		IDS_Group3		IDS_Group4	
		数量	比重	数量	比重	数量	比重	数量	比重
DADA	I	7	70	10	100	9	90	8	80
	II	7	58.33	9	75	9	75	9	75
	III	3	20	9	60	7	46.67	6	40
	IV	2	11.11	4	22.22	4	22.22	2	11.11
	合计	19	34.55	32	58.18	29	52.73	25	45.46
DANA	I	0	0	0	0	0	0	0	0
	II	1	8.33	0	0	1	8.33	0	0
	III	5	33.33	4	26.67	3	20	4	26.67
	IV	9	50	6	33.33	7	38.89	10	55.56
	合计	15	27.27	10	18.18	11	20	14	25.46

注:DDA 表示只出现离港延误航班的机场、ADA 表示只出现进港延误航班的机场、DADA 表示进离港延误航班均出现的机场和 DANA 表示未出现进离港延误航班的机场;延误机场数量单位为个;延误机场数量占相应级别机场总数的比重单位为%。

从图 5.19 和表 5.17 中各组实验方案下航空运输网络中各机场进离港延误情况分布可以看出,IDS_Group2、IDS_Group3 和 IDS_Group4 中进离港延误航班均出现的机场数量分别比对比实验组 IDS_Group1 增加了 68.4%、52.63% 和 31.58%,未出现进离港延误航班的机场数量分别比对比实验组 IDS_Group1 减少了 33.33%、26.67% 和 6.67%;而只出现离港延误航班的机场数量在 IDS_Group1 和 IDS_Group4 中最多,只出现进港延误航班的机场数量在实验方案 IDS_Group1 中最多,基于机场节点初始延误选取策略差异的 TTD 方式使航空运输网络中延误机场数量明显增加。另外,在各组实验方案中,2 000 万级以上机场出现进离港均延误的航班可能性高于其他延误类型,该级别机场没有出现只离港延误的航班和进离港均正常的航班;2 000 万级机场出现进离港均延误的航班可能性也高于其他延误类型;1 000 万级机场在基于机场节点初始延误选取策略差异的 TTD 方式下出现进离港均延误的航班可能性高于其他延误类型,而在 RTD 方式下出现进离港均正常的航班可能性高于其他延误类型;200 万至千万级机场在各组实验方案中出现可能性最大的是进离港均正常航班。

可见,在 TTD 方式下机场节点初始延误选取策略差异的 3 组实验方案中,针对 3CHub 机场的初始延误方案对航空运输网络中机场延误作用最为明显,出现进离港均延误航班的机场数量最多,出现进离港均正常航班的机场数量最少,其次依次为针对 8RHub 机场和 12Main 机场的初始延误方案。另外,随着机场定位分类的下降,进离港延误航班均出现的机场数量和未出现进离港延误航班的机场数量与 RTD 方式下的差值均逐渐减小。

RTD 和 TTD 方式下机场节点初始延误选取策略差异的各组实验方案中各级别机场进离港平均延误时间区别如表 5.18 所列。

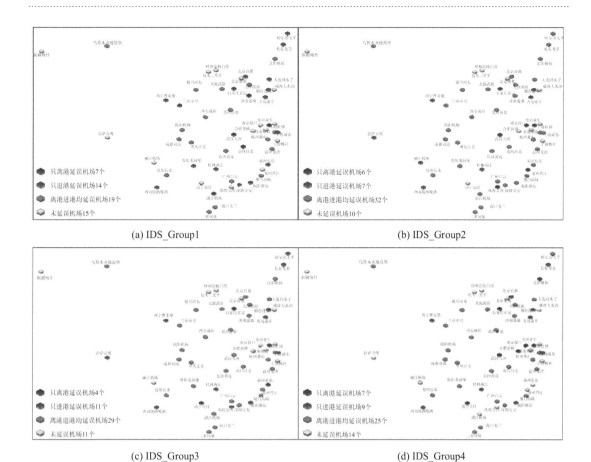

(a) IDS_Group1　　　　　　　　　　　(b) IDS_Group2

(c) IDS_Group3　　　　　　　　　　　(d) IDS_Group4

图 5.19　TTD 方式下机场节点初始延误选取策略差异的各机场进离港延误情况分布

表 5.18　RTD 和 TTD 方式机场节点初始延误选取策略差异的各级别机场平均延误时间区别

统计指标	机场级别	分组方案			
		IDS_Group1	IDS_Group2	IDS_Group3	IDS_Group4
各级别离港延误机场的离港平均延误时间	Ⅰ	3.440	13.334	8.574	7.633
	Ⅱ	6.565	10.445	11.003	8.132
	Ⅲ	14.5	18.508	17.197	15.825
	Ⅳ	25.5	21.833	16	10.667
所有机场离港平均延误时间		5.093	10.597	8.097	6.196
各级别进港延误机场的进港平均延误时间	Ⅰ	18.752	25.674	18.087	16.688
	Ⅱ	32.606	31.657	28.482	24.009
	Ⅲ	23.210	21.577	28.860	25.241
	Ⅳ	47.290	41.472	51.799	24.248
所有机场进港平均延误时间		17.889	21.495	23.125	13.698

注:平均延误时间单位为 min。

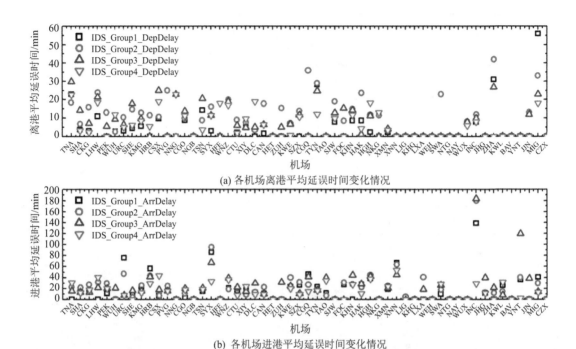

(a) 各机场离港平均延误时间变化情况

(b) 各机场进港平均延误时间变化情况

图 5.20　TTD 方式下机场节点初始延误选取策略差异的各机场进离港平均延误时间变化情况

从图 5.20 和表 5.18 中各机场进离港平均延误时间区别情况中可以看出,IDS_Group2、IDS_Group3 和 IDS_Group4 中的机场离港平均延误时间分别比对比实验组 IDS_Group1 增加了 1.081 倍、0.590 倍和 0.217 倍,机场进港平均延误时间分别比对比实验组 IDS_Group1 增加了 20.16%、29.27% 和 −23.43%。随着机场定位分类的下降,机场离港平均延误时间与 RTD 方式的差值均逐渐减小,机场进港平均延误时间与 RTD 方式的差距均在 IDS_Group3 中达到最大。针对 3CHub 机场和 8RHub 机场的 TTD 方式分别使机场离港和进港平均延误时间明显增加,且离港平均延误时间比 RTD 方式增加的幅度高于进港。另外,各组实验方案中,机场进港平均延误时间均明显多于离港平均延误时间,分别比离港增加了 2.513 倍、1.028 倍、1.856 倍和 1.211 倍,基于机场节点初始延误选取策略差异的 TTD 方式中进港与离港平均延误时间差距在 IDS_Group3 中达到最大,但均小于 RTD 方式。此外,按机场级别进行划分,2 000 万级以上机场的离港平均延误时间在各组实验方案中均小于其他级别机场,其进港平均延误时间在 IDS_Group1、IDS_Group3 和 IDS_Group4 中均小于其他级别机场;1 000 万级机场的离港平均延误时间在 IDS_Group3 和 IDS_Group4 中均大于其他级别机场;200 万至千万级机场的离港平均延误时间在 IDS_Group1 和 IDS_Group2 中均大于其他级别机场,其进港平均延误时间在各组实验方案中均大于其他级别机场;2 000 万级机场在各组实验方案中进离港平均延误时间均介于其他级别机场之间。

可见,在 TTD 方式下机场节点初始延误选取策略差异的 3 组实验方案中,针对 3CHub 机场的初始延误方案对各机场离港平均延误作用最为明显,离港平均延误时间最长;针对 8RHub 机场的初始延误方案对各机场进港平均延误作用最为明显,进港平均延误时间最长。另外,对于各机场离港延误,2 000 万级以上机场和 1 000 万级机场的离港平均延误时间均在针对 3CHub 机场的初始延误方案中达到最大,2 000 万级机场和 200 万至千万级机场的离港平均延误时间分别在针对 8RHub 机场的初始延误方案和 RTD 方式下达到最大;对于各机场进港延误,2 000 万级以上机场和 2 000 万级机场的进港平均延误时间分别在针对 3CHub 机场的初始延误方案和 RTD 方式下达到最大,1 000 万级机场和 200 万至千万级机场的进港平均延误时间均在针对 8RHub 机场的初始延误方案中达到最大。

5.3.3 TTD 方式下航班节点初始延误选取策略差异的仿真结果分析

由于多航段航班与航空运输网络中很多航班之间存在"牵一发而动全身"的独特性质,这些航班发生初始延误后更容易将延误效应发散式扩展到整个航空运输网络的多个相关航班。因此,根据航班动态级联延误触发策略,采用针对性触发延误 TTD 方式,基于航班节点初始延误选取策略差异,使延误要素链式反应作用于航空运输网络中的某些关键航班节点,在被激活的延误要素和关键航班节点之间形成初始层间耦合交互边,促使这些航班节点发生初始延误。按照同一架飞机所需连续执行的飞行航段数量,分别针对单航段航班和两航段航班设置了 2 组仿真实验,并将基于随机性触发延误 RTD 方式的航班状态动态级联延误蔓延情况设为对比实验组 IDS_Group1,实验方案设置如表 5.19 所列,模拟了 TTD 方式下不同航段的航班节点发生初始延误后的航班动态级联延误蔓延仿真结果变化情况。

表 5.19 TTD 方式下航班节点初始延误选取策略差异的实验方案

实验分组	初始延误选取对象	动态级联延误触发原则	初始延误选取策略
IDS_Group1	各航班节点	RTD 方式	各航班节点随机延误
IDS_Group5	关键航班节点	TTD 方式	两航段航班
IDS_Group6	关键航班节点	TTD 方式	单航段航班

1. TTD 方式下航班节点初始延误选取策略差异的延误航班数量随时间变化情况

图 5.21(a)、图 5.21(b)、图 5.21(c)和图 5.21(d)所示分别为随机性触发延误 RTD 方式下对比实验组 IDS_Group1 和针对性触发延误 TTD 方式下航班节点初始延误选取策略差异的 2 组实验方案中离港 1(Dep1)与进港 1(Arr1)延误航班数量、离港 2(Dep2)与进港 2(Arr2)延误航班数量、整个进离港阶段(Total)总延误航班数量和整个进离港阶段(Total)总正常航班数量随时间变化情况。

进离港 1 阶段和进离港 2 阶段 RTD 和 TTD 方式下航班节点初始延误选取策略差异的各组实验方案下延误航班数量区别如表 5.20 所列。

表 5.20 RTD 和 TTD 方式航班节点初始延误选取策略差异的延误航班数量区别

阶 段	统计指标	分组方案		
		IDS_Group1	IDS_Group5	IDS_Group6
离港 1 延误	延误航班数量	24	62	52
	占航班总数比重	21.82%	56.36%	47.27%
	延误航班增长率	1.2	2.952	2.6

阶　段	统计指标	分组方案		
		IDS_Group1	IDS_Group5	IDS_Group6
进港 1 延误	延误航班数量	57	76	68
	占航班总数比重	51.82%	69.09%	61.82%
	延误航班增长率	0.277	0.374	0.331
离港 2 延误	延误航班数量	15	15	14
	占航班总数比重	75%	75%	70%
	延误航班增长率	0.103	0.078	0.097
进港 2 延误	延误航班数量	15	18	15
	占航班总数比重	75%	90%	75%
	延误航班增长率	0.057	0.070	0.061

注:延误航班数量单位为个;延误航班增长率单位为个航班/min。

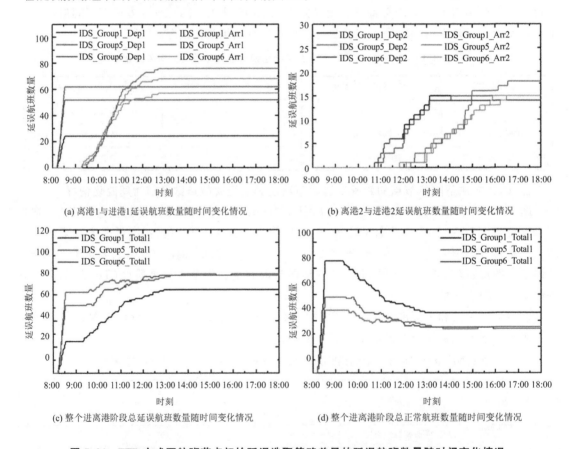

(a) 离港1与进港1延误航班数量随时间变化情况

(b) 离港2与进港2延误航班数量随时间变化情况

(c) 整个进离港阶段总延误航班数量随时间变化情况

(d) 整个进离港阶段总正常航班数量随时间变化情况

图 5.21　TTD 方式下航班节点初始延误选取策略差异的延误航班数量随时间变化情况

从图 5.21(a)和表 5.20 中可以看出,在航班在执行第一航段飞行任务时,各组实验方案中延误航班数量差别情况。IDS_Group5 和 IDS_Group6 中的离港 1 和进港 1 延误航班数量、离港 1 和进港 1 延误航班增长率均高于对比实验组 IDS_Group1,离港 1 延误航班数量分别比对比实验组 IDS_Group1 增加了 1.583 倍和 1.167 倍,离港 1 延误航班增长率分别增加了 1.460 倍和 1.167 倍;进港 1 延误航班数量分别比对比实验组 IDS_Group1 增加了 33.33％和 19.30％,进港 1 延误航班增长率分别增加了 35.30％和 19.88％。随着飞机执飞航段数量的减少,离港 1 和进港 1 延误航班数量、离港 1 和进港 1 延误航班增长率均逐渐降低,但均高于 RTD 方式,基于航班节点初始延误选取策略差异的 TTD 方式使第一航段进离港延误航班数量明显增加,且离港 1 延误航班数量比 RTD 方式增加的幅度高于进港 1。另外,各组实验方案中,进港 1 延误航班数量均明显多于离港 1 延误航班数量,分别比离港 1 增加了 1.375 倍、0.226 倍和 0.308 倍。在基于航班节点初始延误选取策略差异的 TTD 方式下,随着飞机执飞航段数量的减少,进港 1 与离港 1 延误航班数量差距逐渐增加,但均小于 RTD 方式。可见,在 TTD 方式下航班节点初始延误选取策略差异的两组实验方案中,针对两航段航班的初始延误方案对航空运输网络中执行第一航段飞行任务的航班动态级联延误蔓延作用最为明显,进离港 1 延误航班数量最多,增长速率最快,而针对单航段航班的初始延误方案下的进港 1 延误航班数量比离港 1 增加幅度最大。

　　从图 5.21(b)和表 5.20 中可以看出,在两航段航班完成第一航段航班任务后继续执行第二航段飞行任务时,各组实验方案中延误航班数量差别情况。IDS_Group5 和 IDS_Group6 中的离港 2 和进港 2 延误航班数量均与对比实验组 IDS_Group1 相差不大,离港 2 延误航班增长率均小于对比实验组 IDS_Group1,分别比对比实验组 IDS_Group1 减少了 24.87％和 6.67％;进港 2 延误航班增长率均大于对比实验组 IDS_Group1,分别比对比实验组 IDS_Group1 增加了 24.22％和 8.16％。随着飞机执飞航段数量的减少,离港 2 和进港 2 延误航班数量均逐渐降低,离港 2 延误航班增长率逐渐增加,进港 2 延误航班增长率逐渐减少,基于航班节点初始延误选取策略差异的 TTD 方式没有对第二航段进离港延误航班数量产生明显变化。另外,在 TTD 方式下航班节点初始延误选取策略差异的 2 组实验方案中,进港 2 延误航班数量均多于离港 2 延误航班数量,分别比离港 2 增加了 20％和 7.147％,随着飞机执飞航段数量的减少,进港 2 与离港 2 延误航班数量差距逐渐减小,但均大于 RTD 方式。可见,在 TTD 方式下航班节点初始延误选取策略差异的 2 组实验方案中,针对两航段航班的初始延误方案对航空运输网络中执行第二航段飞行任务的航班动态级联延误蔓延作用相对来说最为明显,进离港 2 延误航班数量最多,进港 2 延误航班数量比离港 2 增加幅度最大。

　　从图 5.21(c)和图 5.21(d)中整个进离港仿真过程来看,RTD 方式和基于航班节点初始延误选取策略差异的 TTD 方式中,总延误航班数量均呈现出两阶段增长态势。由于各组实验方案中总正常航班数量与总延误航班数量均表现出数量变化互补的关系,因此仅针对总延误航班数量进行分析,整个进离港阶段各组实验方案下总延误航班数量区别如表 5.21 所列。在 TTD 方式下航班节点初始延误选取策略差异的 2 组实验方案中,总延误航班数量均高于 RTD 方式。其中,采用针对两航段航班的初始延误方案时的总延误航班数量最多。另外,在第一增长阶段采用针对两航段航班的初始延误方案时延误航班数量增长速率最快,在第二增长阶段采用针对单航段航班的初始延误方案时延误航班数量增长数量最快。从整个仿真过程来看,针对两航段航班的初始延误方案下的延误增长持续时间也最长。

表 5.21 RTD 和 TTD 方式下航班节点初始延误选取策略差异的总延误航班数量区别

阶 段	统计指标	分组方案		
		IDS_Group1	IDS_Group5	IDS_Group6
第一增长阶段	延误航班数量	24	62	52
	占航班总数比重	21.82%	56.36%	47.27%
	延误航班增长率	1.263	2.952	2.737
第二增长阶段	延误航班数量	64	76	75
	占航班总数比重	58.18%	69.09%	68.18%
	延误航班增长率	0.298	0.305	0.385

注:延误航班数量单位为个;延误航班增长率单位为个航班/min。

2. TTD 方式下航班节点初始延误选取策略差异的平均延误时间随时间变化情况

图 5.22(a)、图 5.22(b)和图 5.22(c)所示分别为随机性触发延误 RTD 方式下对比实验组 IDS_Group1 和针对性触发延误 TTD 方式下航班节点初始延误选取策略差异的 2 组实验方案下离港 1(Dep1)与进港 1(Arr1)平均延误时间、离港 2(Dep2)与进港 2(Arr2)平均延误时间和整个进离港阶段(Total)各航班总平均延误时间随时间变化情况。

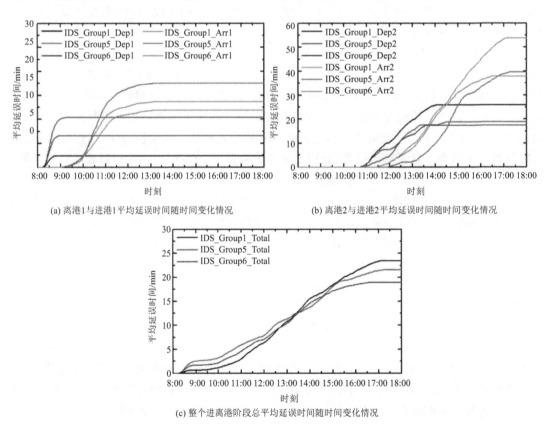

(a) 离港1与进港1平均延误时间随时间变化情况　(b) 离港2与进港2平均延误时间随时间变化情况

(c) 整个进离港阶段总平均延误时间随时间变化情况

图 5.22 TTD 方式下航班节点初始延误选取策略差异的平均延误时间随时间变化情况

进离港 1 阶段和进离港 2 阶段 RTD 和 TTD 方式下航班节点初始延误选取策略差异的

各组实验方案下平均延误时间区别如表 5.22 所列。

表 5.22　RTD 和 TTD 方式航班节点初始延误选取策略差异的平均延误时间区别

阶　　段	统计指标	分组方案		
		IDS_Group1	IDS_Group5	IDS_Group6
离港 1 延误	平均延误时间最大值	2.318	10.345	6.545
	延误时间增长率	0.070	0.170	0.160
进港 1 延误	平均延误时间最大值	11.849	17.501	13.621
	延误时间增长率	0.049	0.071	0.056
离港 2 延误	平均延误时间最大值	25.85	18.900	17.45
	延误时间增长率	0.130	0.086	0.101
进港 2 延误	平均延误时间最大值	53.792	39.556	37.930
	延误时间增长率	0.158	0.124	0.124
整个阶段	平均延误时间最大值	23.45	21.575	18.887
	延误时间增长率	0.044	0.040	0.038

注：平均延误时间最大值单位为 min；延误时间增长率单位为分钟延误/min。

从图 5.22(a) 和表 5.22 中可以看出，在航班在执行第一航段飞行任务时，各组实验方案中平均延误时间差别情况。IDS_Group5 和 IDS_Group6 中的离港 1 和进港 1 平均延误时间、离港 1 和进港 1 延误时间增长率均高于对比实验组 IDS_Group1。其中，离港 1 平均延误时间分别比对比实验组 IDS_Group1 增加了 3.463 倍和 1.824 倍，离港 1 延误时间增长率分别增加了 1.414 倍和 1.273 倍；进港 1 平均延误时间分别对比实验组 IDS_Group1 增加了 47.70% 和 14.96%，进港 1 延误时间增长率分别增加了 45.29% 和 13.08%。随着飞机执飞航段数量的减少，离港 1 和进港 1 平均延误时间、离港 1 和进港 1 延误时间增长率均逐渐降低，但均高于 RTD 方式，基于航班节点初始延误选取策略差异的 TTD 方式使第一航段进离港平均延误时间明显增加，且离港 1 平均延误时间比 RTD 方式增加的幅度高于进港 1。另外，各组实验方案中，进港 1 平均延误时间均明显多于离港 1 平均延误时间，分别比离港 1 增加了 4.111 倍、0.692 倍和 1.081 倍。在基于航班节点初始延误选取策略差异的 TTD 方式下，随着飞机执飞航段数量的减少，进港 1 与离港 1 平均延误时间差距逐渐增大，但均小于 RTD 方式。此外，将进离港 1 阶段中单航段航班和两航段航班进行划分，各组实验方案下单航段航班和两航段航班的平均延误时间区别如表 5.23 所列。单航段航班的进离港 1 平均延误时间在 IDS_Group1 和 IDS_Group6 中均长于两航段航班，离港 1 平均延误时间分别比两航段航班长 0.352 倍和 1.915 倍，进港 1 平均延误时间分别比两航段航班长 0.634 倍和 1.139 倍，在 IDS_Group5 中两航段航班的离港 1 和进港 1 平均延误时间分别比单航段航班长 2.132 倍和 0.678 倍。可见，在基于 TTD 方式航班节点初始延误选取策略差异的两组实验方案中，针对两航段航班的初始延误方案对航空运输网络中执行第一航段飞行任务的航班动态级联延误蔓延作用最为明显，进离港 1 平均延误时间最长，延误时间增长速率最快，另外，针对单航段航班的初始延误方案下进港 1 平均延误时间比离港 1 增加的幅度最大。通过细分进离港 1 阶段单航段航班和两航段航班可以进一步看出，单航段航班和两航段航班的平均延误时间差距在针对两航段航班的初始延误方案的离港 1 阶段达到最大,单航段航班和两航段航班均在针对两航段航班的初始延误方案中进离港 1 平均延误时间一直保持最高值。

表 5.23　RTD 和 TTD 方式航班节点初始延误选取策略差异的单航段和两航段航班平均延误时间区别

阶 段	统计指标	分组方案					
		IDS_Group1		IDS_Group5		IDS_Group6	
		单	两	单	两	单	两
D1	ADTM	2.433	1.8	7.456	23.35	7.433	2.55
	DTIR	0.078	0.086	0.182	0.383	0.181	0.065
A1	ADTM	12.749	7.8	15.580	26.143	15.082	7.05
	DTIR	0.053	0.040	0.064	0.136	0.062	0.048

注:D1 表示离港 1 延误阶段,A1 表示进港 1 延误阶段,ADTM 表示平均延误时间最大值(单位为 min);DTIR 表示延误时间增长率(单位为分钟延误/min),单表示单航段航班,两表示两航段航班。

从图 5.22(b)和表 5.23 中可以看出,在两航段航班完成第一航段航班任务后继续执行第二航段飞行任务时,各组实验方案中平均延误时间差别情况。IDS_Group5 和 IDS_Group6 中的离港 2 和进港 2 平均延误时间和延误时间增长率均少于对比实验组 IDS_Group1。其中,离港 2 平均延误时间分别比对比实验组 IDS_Group1 减少了 36.77% 和 48.14%;进港 2 平均延误时间分别对比实验组 IDS_Group1 减少了 35.99% 和 41.82%;离港 2 延误时间增长率分别比对比实验组 IDS_Group1 减少了 34.16% 和 22.35%;进港 2 延误时间增长率分别比对比实验组 IDS_Group1 减少了 21.39% 和 21.17%。随着飞机执飞航段数量的减少,离港 2 和进港 2 平均延误时间均逐渐减少,离港 2 和进港 2 延误时间增长率均逐渐增加,基于航班节点初始延误选取策略差异的 TTD 方式均使第二航段进离港平均延误时间明显减少,且离港 2 平均延误时间比 RTD 方式减少的幅度高于进港 2。另外,各组实验方案中,进港 2 平均延误时间均明显多于离港 2 平均延误时间,分别比离港 2 增加了 1.081 倍、1.093 倍和 1.174 倍。在基于航班节点初始延误选取策略差异的 TTD 方式下,随着飞机执飞航段数量的减少,进港 2 与离港 2 平均延误时间差距逐渐增大,均大于 RTD 方式。在此基础上,对比两航段航班在进离港 1 和进离港 2 阶段的平均延误时间可以发现,对于两航段航班离港,连续执行多个飞行任务的航班在后续飞行阶段的离港平均延误时间在 IDS_Group1 和 IDS_Group6 中均显著增加,分别比离港 1 增加了 13.361 倍和 5.843 倍,而在 IDS_Group5 中有所减少,比离港 1 平均延误时间减少了 19.06%;对于两航段航班进港,连续执行多个飞行任务的航班在后续飞行阶段的进港平均延误时间均显著增加,两航段航班进港 2 平均延误时间分别比进港 1 增加了 5.896 倍、0.513 倍和 4.380 倍,RTD 方式下进离港 2 平均延误时间比进离港 1 平均延误时间增加的幅度最大,其次是针对单航段航班的初始延误方案。可见,RTD 方式对航空运输网络中执行第二航段飞行任务的航班动态级联延误蔓延作用最为明显,进离港 2 平均延误时间最长,平均延误时间增长速率最快。对于进离港 2 平均延误时间,其次依次为针对两航段航班和单航段航班的初始延误方案;对于进离港 2 平均延误时间增长率,其次依次为针对单航段航班和两航段航班的初始延误方案。

从图 5.22(c)和表 5.23 中整个进离港仿真过程来看,在 RTD 方式和基于航班节点初始延误选取策略差异的 TTD 方式中,总平均延误时间均呈现出持续增长态势。从整个进离港总平均延误时间来看,RTD 方式下总平均延误时间最长,延误时间增长速率最快,其次依次为针对两航段航班和单航段航班的 TTD 方式,但在 12:31 之前,TTD 方式总平均延误时间均长于 RTD 方式,而在 13:13 以后航班执行第二航段时,RTD 方式总平均延误时间增长速率逐渐增加,最终高于 TTD 方式。

3. TTD 方式下航班节点初始延误选取策略差异的各机场进离港延误情况

图 5.23(a)和图 5.23(b)、图 5.25(a)和图 5.25(b)所示分别为是随机性触发延误 RTD 方式下对比实验组 IDS_Group1 和针对性触发延误 TTD 方式下航班节点初始延误选取策略差异的 2 组实验方案中各机场离港(DepDelay)延误航班数量、进港(ArrDelay)延误航班数量、离港(DepDelay)平均延误时间和进港(ArrDelay)平均延误时间的变化情况,图 5.24 所示为各机场进离港延误情况分布。

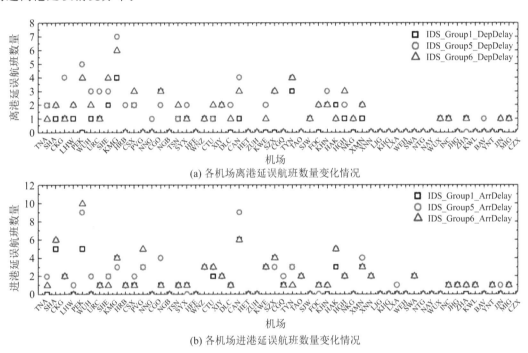

(a) 各机场离港延误航班数量变化情况

(b) 各机场进港延误航班数量变化情况

图 5.23　TTD 方式下航班节点初始延误选取策略差异的各机场进离港延误航班数量变化情况

RTD 和 TTD 方式下航班节点初始延误选取策略差异的各组实验方案下各机场离港和进港延误航班数量区别如表 5.24 所列。

从图 5.23 和表 5.24 中各机场进离港延误航班数量差别情况中可以看出,IDS_Group5 和 IDS_Group6 中的各统计指标值均高于对比实验组 IDS_Group1。对于各机场离港延误,各机场离港延误航班总数分别比对比实验组 IDS_Group1 增加了 97.44％和 69.23％,出现离港延误航班机场数量分别比对比实验组 IDS_Group1 增加了 34.62％和 26.92％,离港延误航班多于离港正常航班的机场数量分别比对比实验组 IDS_Group1 增加了 1.5 倍和 0.7 倍;对于各机场进港延误,各机场进港延误航班总数分别比对比实验组 IDS_Group1 增加了 30.56％和 15.28％,出现进港延误航班机场数量分别比对比实验组 IDS_Group1 增加了 15.15％和 9.09％,进港延误航班多于进港正常航班的机场数量分别比对比实验组 IDS_Group1 增加了 20.83％和 8.33％。在出现离港延误航班的机场中分别有 65.71％和 57.58％的机场其离港延误航班数量多于对比实验组 IDS_Group1,在出现进港延误航班的机场中分别有 42.11％和 22.22％的机场其进港延误航班数量多于对比实验组 IDS_Group1。随着飞机执飞航段数量的减少,各机场进离港延误航班总数、出现进离港延误航班的机场数量和进离港延误航班多于进离港正常航班的机场数量均逐渐降低,各统计指标与对比实验组 IDS_Group1 的差距也均逐渐降低;基于航班节点初始延误选取策略差异的 TTD 方式不仅使出现进离港延误航班的机场个数增加,也使航空运输网络中进离港延误航班数量明显增加,且离港延误机场数量和航班数量比 RTD 方式增加的幅度均大于进港延误。另外,各组实验方案中,出现进港延误航班的机场数量均多于出现离港延误航班的机场数量,分别比出现离港延误航班的机场数量增加了 26.92％、8.57％和 9.09％,各机场进港延误航班总数也均多于各机场离港延误航班总数,分别比各机场离港延误航班总数增加了 84.62％、22.08％和 25.76％。可见,在 TTD 方式下航班节点初始延误选取策略差异的 2 组实验方案中,针对两航段航班的初始延误方案对航空运输网络中航班进离港延误和机场进离港延误蔓延作用均最为明显,各机场进离港延误航班总数和出现进离港延误航班的机场数量均是最多,针对单航段航班的初始延误方案次之;另外,RTD 方式下的进港延误机场数量比离港增加幅度最大,其次依次为针对单航段航班和两航段航班的初始延误方案。

表 5.24 RTD 和 TTD 方式航班节点初始延误选取策略差异的各机场进离港延误航班数量区别

阶　　段	统计指标	分组方案		
		IDS_Group1	IDS_Group5	IDS_Group6
离港	DFN_dep	39	77	66
	DFP_dep	35.45％	70％	60％
	DAN_dep	26	35	33
	DAP_dep	47.27％	63.64％	60％
	AN_depDN	10	25	17
	AN_DA	9	17	15
进港	DFN_arr	72	94	83
	DFP_arr	65.45％	85.45％	75.45％
	DAN_arr	33	38	36
	DAP_arr	60％	69.09％	65.45％
	AN_arrDN	24	29	26
	AN_AD	22	19	19

注:DFN_dep 和 DFN_arr 分别表示各机场离港和进港延误航班数量合计值(单位为个),DFP_dep 和 DFP_arr 分别表示各机场离港和进港延误航班数量占总航班数量的比重(单位为％),DAN_dep 和 DAN_arr 分别表示航空运输网络中出现离港延误航班和进港延误航班的机场数量合计值(单位为个),DAP_dep 和 DAP_arr 分别表示出现离港延误航班和进港延误航班的机场数量占机场总数的比重(单位为％),AN_depDN 表示航空运输网络中离港延误航班多于离港正常航班的机场数量(单位为个),AN_arrDN 表示航空运输网络中进港延误航班多于进港正常航班的机场数量(单位为个),AN_DA 表示航空运输网络中离港延误航班多于进港延误航班的机场数量(单位为个),AN_AD 表示航空运输网络中进港延误航班多于离港延误航班的机场数量(单位为个)。

RTD 和 TTD 方式下航班节点初始延误选取策略差异的各组实验方案下航空运输网络中

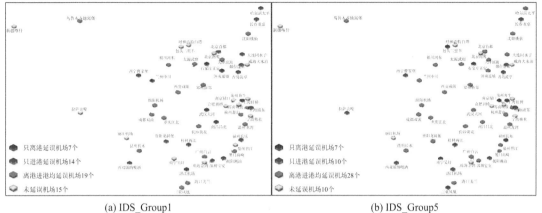

(a) IDS_Group1　　　　　　　　　　(b) IDS_Group5

(c) IDS_Group6

图 5.24　TTD 方式下航班节点初始延误选取策略差异的各机场进离港延误情况分布

各机场进离港延误情况分布如图 5.24 所示,根据表 4.2 和表 4.3 将机场级别划分为 2 000 万级以上机场(Ⅰ)、2 000 万级机场(Ⅱ)、1 000 万级机场(Ⅲ)和 200 万至千万级机场(Ⅳ),则各组实验方案下各级别机场进离港延误数量区别如表 5.25 所列。

表 5.25　RTD 和 TTD 方式下航班节点初始延误选取策略差异的各级别机场进离港延误数量区别

机场延误类型	机场级别	分组方案					
		IDS_Group1		IDS_Group5		IDS_Group6	
		数量	比重	数量	比重	数量	比重
DDA	Ⅰ	0	0	0	0	0	0
	Ⅱ	1	8.33	2	16.67	2	16.67
	Ⅲ	4	26.67	3	20	2	13.33
	Ⅳ	2	11.11	2	11.11	2	11.11
	合计	7	12.73	7	12.73	6	10.91

机场延误类型	机场级别	分组方案					
		IDS_Group1		IDS_Group5		IDS_Group6	
		数量	比重	数量	比重	数量	比重
ADA	Ⅰ	3	30	1	10	1	10
	Ⅱ	3	25	1	8.33	2	16.67
	Ⅲ	3	20	1	6.67	1	6.67
	Ⅳ	5	27.78	7	38.89	5	27.78
	合计	14	25.46	10	18.18	9	16.36
DADA	Ⅰ	7	70	9	90	9	90
	Ⅱ	7	58.33	9	75	8	66.67
	Ⅲ	3	20	7	46.67	7	46.67
	Ⅳ	2	11.11	3	16.67	3	16.67
	合计	19	34.55	28	50.91	27	49.09
DANA	Ⅰ	0	0	0	0	0	0
	Ⅱ	1	8.33	0	0	0	0
	Ⅲ	5	33.33	4	26.67	5	33.33
	Ⅳ	9	50	6	33.33	8	44.44
	合计	15	27.27	10	18.18	13	23.64

注:DDA 表示只出现离港延误航班的机场,ADA 表示只出现进港延误航班的机场,DADA 表示进离港延误航班均出现的机场,DANA 表示未出现进离港延误航班的机场;延误机场数量单位为个,延误机场数量占相应级别机场总数的比重单位为%。

从图 5.24 和表 5.25 中各组实验方案下航空运输网络中各机场进离港延误情况分布可以看出,IDS_Group5 和 IDS_Group6 中进离港延误航班均出现的机场数量分别比对比实验组 IDS_Group1 增加了 47.37% 和 42.11%,未出现进离港延误航班的机场数量分别比对比实验组 IDS_Group1 减少了 33.33% 和 13.33%,只出现进港延误航班的机场数量分别比对比实验组 IDS_Group1 减少了 28.57% 和 35.71%,而只出现离港延误航班的机场数量在 IDS_Group1 和 IDS_Group5 中最多,基于航班节点初始延误选取策略差异的 TTD 方式使航空运输网络中延误机场数量明显增加。另外,在各组实验方案中,2 000 万级以上机场出现进离港均延误的航班可能性高于其他延误类型,该级别机场没有出现只离港延误的航班和进离港均正常的航班;2 000 万级机场出现进离港均延误的航班可能性也高于其他延误类型;1 000 万级机场在基于航班节点初始延误选取策略差异的 TTD 方式出现进离港均延误的航班可能性高于其他延误类型,而在 RTD 方式下出现进离港均正常的航班可能性高于其他延误类型;200 万至千万级机场在 IDS_Group1 和 IDS_Group6 中出现进离港均正常航班的可能性最高,在 IDS_Group5 中只出现进港延误航班的可能性高于其他延误类型。可见,在 TTD 方式下航班节点初始延误选取策略差异的两组实验方案中,针对两航段航班的初始延误方案对航空运输网络中机场延误作用最为明显,出现进离港延误航班的机场数量最多;另外,随着飞机执飞航段数量的减少,进离港延误航班均出现的机场数量与 RTD 方式下的差值和未出现进离港延误航班的机场数量与 RTD 方式下的差值均逐渐减小,只出现离港延误航班的机场数量与 RTD 方式下的差值和只出现进港延误航班的机场数量与 RTD 方式下的差值均逐渐增加。

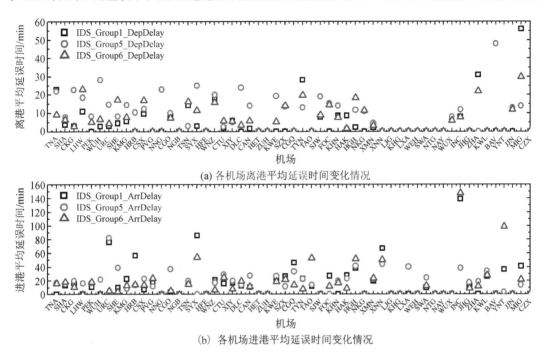

(a) 各机场离港平均延误时间变化情况

(b) 各机场进港平均延误时间变化情况

图 5.25　TTD 方式下航班节点初始延误选取策略差异的各机场进离港平均延误时间变化情况

RTD 和 TTD 方式下航班节点初始延误选取策略差异的各组实验方案下各级别机场进离港平均延误时间区别如表 5.26 所列。

表 5.26　RTD 和 TTD 方式下航班节点初始延误选取策略差异的各级别机场平均延误时间区别

统计指标	机场级别	分组方案		
		IDS_Group1	IDS_Group5	IDS_Group6
各级别离港延误机场的离港平均延误时间	I	3.440	11.156	7.984
	II	6.565	12.775	8.516
	III	14.5	17.742	13.343
	IV	25.5	19	15.6
所有机场离港平均延误时间		5.093	9.334	6.456
各级别进港延误机场的进港平均延误时间	I	18.752	20.112	20.202
	II	32.606	28.193	21.225
	III	23.210	22.444	11.970
	IV	47.290	23.281	47.628
所有机场进港平均延误时间		17.889	16.280	16.201

注:平均延误时间单位为 min。

从图 5.25 和表 5.26 中各机场进离港平均延误时间差别情况中可以看出,IDS_Group5 和 IDS_Group6 中的机场离港平均延误时间分别比对比实验组 IDS_Group1 增加了 83.27％和 26.77％,机场进港平均延误时间分别比对比实验组 IDS_Group1 减少了 8.99％和 9.43％。随着飞机执飞航段数量的减少,机场离港平均延误时间与 RTD 方式的差值均逐渐减小,而机场进港平均延误时间相差不大,机场进港平均延误时间与 RTD 方式的差距小幅度增加;基于航班节点初始延误选取策略差异的 TTD 方式使机场离港平均延误时间明显增加,进港平均延误时间稍有减少,且离港平均延误时间与 RTD 方式相差的幅度均高于进港。在各组实验方案中,机场进港平均延误时间均明显多于离港平均延误时间,分别比离港增加了 2.513 倍、0.744 倍和 1.509 倍;在基于航班节点初始延误选取策略差异的 TTD 方式中,进港与离港平均延误时间差距随着飞机执飞航段数量的减少而逐渐增大,但均小于 RTD 方式。此外,按机场级别进行划分,在各组实验方案中,机场离港平均延误时间均随着机场级别的降低而逐渐增加;而对于机场进港平均延误时间,2 000 万级以上机场的进港平均延误时间在 IDS_Group1 和 IDS_Group5 中均小于其他级别机场,2 000 万级机场的进港平均延误时间在 IDS_Group5 中均大于其他级别机场,1 000 万级机场的进港平均延误时间在 IDS_Group6 中均小于其他级别机场,200 万至千万级机场的进港平均延误时间在 IDS_Group1 和 IDS_Group6 中均大于其他级别机场。可见,在 TTD 方式下航班节点初始延误选取策略差异的 2 组实验方案中,针对两航段航班的初始延误方案对各机场离港和进港平均延误作用最为明显,离港和进港平均延误时间均最长。另外,对于各机场离港延误,2 000 万级以上机场、2 000 万级机场和 1 000 万级机场的离港平均延误时间均在针对两航段航班的初始延误方案中达到最大,200 万至千万级机场的离港平均延误时间在 RTD 方式下达到最大;对于各机场进港延误,2 000 万级以上机场的进港平均延误时间在针对两航段航班的初始延误方案中达到最大,2 000 万级机场和 1 000 万级机场的进港平均延误时间均在 RTD 方式下达到最大,200 万至千万级机场的进港平均延误时间在针对单航段航班的初始延误方案中达到最大。

本章小结

本章运用仿真实验,对第 3 章介绍的航班延误蔓延动力学模型进行了对比与验证,得出在 3 种典型情景下平均有 91.10％的实验结果与现实情景相对偏差在±15％以内,表明该航班延误蔓延动力学模型对模拟航空运输网络中航班延误波及动态具备较好的准确性,能够推演初始航班延误发展为大面积航班延误的波及扩散趋势。在此基础上,分别从延误要素演化仿真模块和航班状态演化仿真模块深入介绍了不同实验方案设置下航班延误蔓延仿真结果。在延误要素演化仿真模块设置了 4 组仿真实验方案,分析了不同情景下延误因子激活度的系统动力学演化趋势,并通过调整延误要素链式耦合蔓延动力学模型参数,模拟了不同情景下的延误要素链式反应行为,获得了合理的行为结果。在航班状态演化仿真模块设置了 3 组仿真实验方案,分别从延误航班数量、平均延误时间和各机场进离港延误情况分析底层延误要素演化网络刺激下航空运输网络中航班状态级联延误的蔓延动力学演化机制,并通过调整航班状态动态级联延误蔓延动力学模型的动态级联延误触发策略,模拟了不同初始延误方案下的航空运输网络中航班延误动态波及行为,仿真结果始终保持在合理的范围内波动。根据以上仿真验证结果,在航班实际运行中民航相关部门应以关联航班链作为延误处置工作切入点,将航班延误防治重点从针对某个关键延误航班转向针对由航班衔接性和资源共享性形成的整个延误蔓延链,切断关键航班的动态延误蔓延路径,从而有效提升民航各部门针对航空运输网络航班延误链式蔓延的应对能力,缓解航班延误发生的可能性和链式波及影响程度。

第 6 章　结论与展望

6.1　主要结论

随着民航运输量的逐年攀升,航班延误已不再是某几个航班互不干扰的独立现象,而是逐渐发展为单一航班延误在关联的航班和机场之间进行时空传导,在航空运输网络中形成延误效应"牵一发而动全身"的涟漪式动态蔓延趋势。因此,本书针对航空运输网络中航班延误的链式波及效应,从延误蔓延本质规律和动态级联延误波及机制角度出发,基于蔓延动力学思想,介绍了航空运输网络中航班延误蔓延链式系统的动力学演化过程,从而找到航班延误蔓延规律,有效估测航班延误蔓延趋势,并将航班延误的防治重点从某个航班的针对性扩展为多航班关联性和联动性。主要结论如下:

① 以延误蔓延的本质规律为出发点,借助不同时空尺度下延误蔓延的主从、依赖及因果关系,抽象出了航班延误的形成过程和延误蔓延的演化逻辑,并从能量流动的角度分析了延误通过相关联的航班衔接链或资源共享链而形成的延误串并发累积放大效应。在延误蔓延机理分析的基础上,引入延误蔓延链的概念,反映了单一延误到多级延误的形成、交互、传递和转化等相关动态蔓延反应过程;根据延误蔓延链的多级连锁性,描述了延误蔓延链的形成机制和由延误反馈作用而形成的恶性循环,并提炼出了延误蔓延链的 5 种链式反应构型。进一步从延误链式关系入手,分析了航空运输网络中延误运动本质和复杂连锁响应链式行为,建立了延误蔓延的链式关系结构,发掘延误的双向扩散属性和复杂反馈作用,深入分析了延误环节内部延误要素的动态响应行为关系和结构特征,提炼出延误环节内部直线式链式关系和耦合式环式关系 2 种响应形式,建立了延误环节系统结构模式变化关系的数学表征模型。

② 着眼于航班延误蔓延链式系统的动力学演化过程,建立了包含底层延误要素演化网络和顶层航班状态演化网络的航班延误双层耦合交互蔓延网络,探讨了航班延误蔓延链式系统中的动态反馈结构和延误传播时间迟滞现象;通过分析延误要素之间动态交互产生的因子能量耦合效应,划分了航班延误蔓延链式系统的动力耦合层次,并建立了子系统之间和各子系统内部延误要素之间的非线性耦合函数,并基于此分别探究了底层延误要素演化网络和顶层航班状态演化网络的蔓延动力学机制。在底层延误要素演化网络中,构建了多延误要素耦合导致延误链式波及的动态结构路径,从航班延误孕育环境活跃性、供体因子风险性和受体因子脆弱性及这 3 个子系统之间交互耦合的角度,抽象出 4 种延误要素动力耦合因果关系,建立了延误要素演化网络中的延误要素链式耦合蔓延动力学模型。考虑航班关联性、航班资源共享和多网络联合响应,进一步将顶层航班状态演化网络改进为航空运输"机场-航班-资源"网络,引入动态级联延误概念,提出了 3 种动态级联延误触发原则,建立了同时考虑网络结构和航班动态连接性的航班动态级联延误触发策略,构建了考虑航班节点的自我修复水平和动态级联延误蔓延机制的航班状态动态级联延误蔓延动力学模型。

③ 利用 Anylogic 仿真软件模拟了航班延误在双层耦合交互蔓延网络中传播的动力学演

化过程,分别建立了延误要素演化仿真模块和航班状态演化仿真模块。将延误要素的刺激视为孕育环境活跃性、供体因子风险性和受体因子脆弱性之间的耦合交互作用,基于系统动力学建模方法,通过建立延误要素链式反应仿真模型系统动力学流图,构建了触发航班延误的延误要素链式反应蔓延动力学仿真模型,并量化分析延误要素之间的动态交互关系和航班延误因子激活度的变化趋势。在此基础上,考虑航空运输网络中航班关联和资源关联,基于智能体建模方法,通过搭建航班状态动态级联延误蔓延动力学仿真场景和仿真逻辑流程,构建了航班状态动态级联延误蔓延动力学仿真模型,分析了延误要素交互形成的航班延误因子激活度对航班状态的刺激作用,实现了动态模拟航空运输网络中航班延误的蔓延波及效应。

④ 采用航空运输网络航班延误蔓延动力学模型分别对现实 3 种典型情景下的航班运行数据进行模拟,通过将实验结果与现实航班运行动态进行对比,得出了 3 种情景平均有 91.10% 的实验结果与现实情景相对偏差在 ±15% 以内,表明该航班延误蔓延动力学模型与实际航班延误情景具有良好的一致性,能够较好地模拟航班延误蔓延趋势。在验证模型有效性和准确性的基础上,利用该模型分别从延误要素演化和航班状态演化两方面对航班延误蔓延进行深入探讨,分析了不同实验方案设置下延误因子激活度的系统动力学演化机制和延误要素演化刺激下航空运输网络中航班状态级联延误的蔓延动力学演化趋势。并通过调整实验方案,发现航班延误蔓延动力学仿真模型的系统行为对某些参数和实验方案的变化存在一定的敏感性,但始终保持在合理的波动范围内,表明该航班延误蔓延动力学模型能够反映出不同情景下航空运输网络中航班延误演化特征及动态蔓延过程,并获得合理的行为结果。

6.2　进一步研究展望

目前,从蔓延动力学和动态级联延误角度对航空运输网络中航班延误链式波及机制的研究还比较欠缺,极少系统地考虑延误传播动力学对整个航空运输网络中航班延误诱发机理和动态级联蔓延趋势的影响。本书对该问题的研究尽管取得了一些成果,但借鉴蔓延动力学理论研究航班延误问题仍处于探索阶段,尚且存在研究不全面和不透彻的地方,需要进一步研究和完善,主要包括以下几个方面:

① 在航班实际运行中,影响航班延误的不确定性因素及延误可能导致的风险事件众多,还存在诸如货物装载原因、常规飞机维护、食品供应、飞机推出、滑行、航路飞行和着陆、紧急事件处理等原因造成的延误,使得现实中的延误要素链式演化网络更加复杂,形成一种多延误要素实时"成链断链"的动态耦合交互网。在这种网络行为作用下产生的延误因子激活度将更加敏感,从而对航班状态起到不同程度的刺激作用。在以后的研究中可以分为不同部门对各种航班延误原因及其影响程度等级进行全面分析,并深入探讨多延误要素实时"成链断链"的动态耦合交互网络对航班延误蔓延的影响。

② 现有关于延误要素的实际状态数据、航班和资源关联响应数据的采集经验不足,这方面因素对航班实时运行影响的数据记录较少,本书仿真模型中的部分参数只能凭借经验概率或反复调试进行设置。在以后的研究中可以通过收集大量航班运行信息,建立延误因素和延误波及程度学习和推理方法,进行反问题求解,以获取航空运输网络航班延误蔓延场景中各种延误原因状态响应数据和航班延误波及程度数据,用于修正基于经验概率或反复调试方式获取的航班延误蔓延动力学模型中关键参数的初始取值;针对实际航班运行数据建立不同延误

情景下的参数调整方法,提高模型参数修正的依据性和与现实情景的匹配性,使研究结果更加适用于实际航班延误问题的分析和解决。

③ 本书虽针对航空运输网络中节点受到延误要素干扰的情形进行了介绍,但航班在航空运输网络实际运行过程中还可能因航路等网络连接边受到延误要素干扰而产生初始延误,由此形成的延误效应也会在网络中不同程度地传播蔓延。在以后的研究中应进一步分析航路初始延误选取策略对航班状态动态级联延误蔓延的动力学演化影响,考虑空管、机场和航空公司多方协调处置,在航班运行过程中增加延误缓解对策措施,从而针对实际各种延误情景形成更加全面且科学有效的航班延误蔓延趋势推演预测手段。

总之,本书所介绍的研究方法为观测航空运输网络航班延误波及蔓延趋势提供了一种新的角度和思路,是一种很有研究价值的蔓延演化推演方法,通过在以后的研究中进一步深入改进和完善,将会获得更佳的研究成果。

附　录

附录 A　航班延误蔓延链式系统中各子系统关键延误要素

航班延误蔓延链式系统中各子系统关键延误要素如表 1 所列。

表 1　航班延误蔓延链式系统中各子系统关键延误要素

延误蔓延子系统	延误要素类型	关键延误要素
孕育环境子系统	实时天气因素	出发地或目的地机场能见度、低空云、雷雨区、强侧风、顺风超标、冰雹、对流云;飞行航路高空雷雨区;跑道积水、积雪、结冰
	机场运行条件因素	飞行区等级;国内通航机场数;机位数量;跑道数量
	机场航班动态因素	离港航班量;到港航班量;到达平均延误时长;起飞平均延误时长
	自然灾害因素	地震;洪水;海啸
供体因子子系统	航空公司因素	航班计划密集;航班保障效率;航班调度效率;值机系统效率;航班合并、取消、返航、备降;航空器维修及故障排查效率
	航空器因素	航空器故障;除冰除雪检查或等待除冰除雪;航空器相撞;航空器与场面运行车辆相撞
	空管因素	管制员人为差错;空管设备故障;气象或航行情报信息提供不及时或有误;实际运行超出空管保障能力而造成空中流量控制;空管保障效率
	空域活动因素	军航战斗出航、训练、转场、演习、科研等军事活动
	机场因素	机场设施设备故障;安检缓慢;廊桥、摆渡车等保障效率;航班运行信息发布不及时;跑道、滑行道等保障设施维修;跑道、滑行道、停机位异物入侵
	油料因素	油料供应能力;加油设施设备故障;加油时损坏航空器
	旅客因素	旅客晚登机;旅客突发疾病;旅客拒绝登机、霸占飞机;旅客遗失登机牌等物品;旅客群体性事件
	联检单位因素	边防检查效率;海关检查效率;检疫检查效率
	公共安全因素	重大活动或突发事件;航空器遭到劫持、爆炸威胁;不明飞行物;严重传染病暴发
受体因子子系统	航空器	航班延误、取消、返航、备降;航空器相撞;航空器与场面运行车辆相撞;机械故障
	旅客	旅客出行安排;旅客满意度;时间损失
	机场	跑道、滑行道、停机位等运行保障设施长时间占用;机场形象损坏;资源损失
	航空公司	航班调度效率;保障工作负荷;机组排班;航空公司形象损坏;经济损失
	空管	管制员工作负荷;空中交通流量;服务损失
	承载能力	抵抗能力;恢复能力

附录 B 2019 年某日"起飞航班波"时段内部分航班运行数据

2019 年某日"起飞航班波"时段内部分航班运行数据如表 2 所列。

表 2 2019 年某日"起飞航班波"时段内部分航班运行数据

飞机注册号	机型	航班号	运行数据										
			第一航段						第二航段				
			起飞机场	起飞时间（计划/实际）	到达机场	到达时间（计划/实际）	飞行时长	总里程	起飞时间（计划/实际）	到达机场	到达时间（计划/实际）	飞行时长	总里程
B8407	320	HO1107	PVG	08:00 08:00	FOC	09:40 09:15	75	678	—	—	—	—	—
B6506	333	MU5102	PEK	08:00 08:00	SHA	10:15 09:39	99	1 088	—	—	—	—	—
B8563	320	MU5597	HFE	08:00 08:00	XMN	09:35 09:24	84	900	—	—	—	—	—
B5492	738	MU5681	TYN	08:00 08:00	CSX	09:55 09:48	108	1 174	11:05 11:11	HAK	13:05 12:59	108	1 100
B1557	738	RY8973	KHN	08:00 08:00	TYN	09:50 09:45	105	1 090	10:35 10:40	INC	12:00 11:44	64	585
B301G	320	CZ6316	CAN	08:00 08:01	SHE	11:40 11:12	191	2 672	—	—	—	—	—
B7396	333	FM9331	SHA	08:00 08:01	SZX	10:30 10:09	128	1 343	—	—	—	—	—
B6395	320	HO1041	WNZ	08:00 08:02	KWE	10:30 10:33	151	1480	—	—	—	—	—
B5512	738	RY8911	KHN	08:00 08:02	KWE	09:45 09:52	110	928	—	—	—	—	—
B6385	321	CA1431	PEK	08:00 08:03	CKG	11:05 10:28	145	1 640	—	—	—	—	—
⋮	⋮	⋮	⋮	⋮	⋮	⋮	⋮	⋮	⋮	⋮	⋮	⋮	⋮
B305C	320	CZ6301	SHE	08:10 08:19	CAN	12:30 12:03	224	2 672	—	—	—	—	—
B5022	738	CZ8535	KMG	08:10 08:19	CGO	11:00 10:30	131	1 570	12:00 12:03	TAO	13:35 13:29	86	741
B305A	350	HU7382	PEK	08:00 08:20	HAK	11:50 11:42	202	2 493	—	—	—	—	—
B5627	738	SC8079	XMN	08:05 08:20	SJW	10:55 10:41	141	1 786	—	—	—	—	—

飞机注册号	机型	航班号	运行数据										
			第一航段						第二航段				
			起飞机场	起飞时间（计划/实际）	到达机场	到达时间（计划/实际）	飞行时长	总里程	起飞时间（计划/实际）	到达机场	到达时间（计划/实际）	飞行时长	总里程
B6530	330	CA4515	CTU	08：10 08：20	SHA	10：45 10：31	131	1 782	—	—	—	—	—
B5721	738	CZ6889	URC	08：10 08：20	MIG	11：20 11：40	200	2 052	12：10 12：55	SZX	14：40 15：05	130	1 610
B5626	738	SC8726	CKG	08：10 08：20	XMN	10：50 10：24	124	1 516	—	—	—	—	—
B5229	738	CA1679	TSN	08：15 08：20	CKG	10：55 10：43	143	1 530	—	—	—	—	—
B6203	319	CZ3463	CAN	08：15 08：20	CKG	10：15 10：02	102	1 188	11：15 11：23	LXA	14：00 13：51	148	1 585
B5310	738	CZ3689	ZUH	08：15 08：20	PVG	10：55 10：12	112	1 497	—	—	—	—	—

附录 C   2019 年某日兰州区域管控时段内部分航班运行数据

2019 年某日兰州区域管控时段内部分航班运行数据如表 3 所列。

表 3   2019 年某日兰州区域管控时段内部分航班运行数据

飞机注册号	机型	航班号	运行数据										
			第一航段					第二航段					
			起飞机场	起飞时间（计划/实际）	到达机场	到达时间（计划/实际）	飞行时长	总里程	起飞时间（计划/实际）	到达机场	到达时间（计划/实际）	飞行时长	总里程
B1598	737	DR6593	SHE	07:10 07:14	WNZ	10:20 10:05	171	1 753	11:25 12:42	LHW	15:00 16:15	213	2 133
B1558	738	RY8941	ZUH	07:35 07:44	LHW	10:35 10:55	191	2 193	11:25 12:05	URC	14:15 14:36	151	1 758
B1745	738	SC4927	TNA	07:45 08:03	LHW	10:15 10:39	156	1 573	11:05 11:47	URC	13:55 14:13	146	1 758
B1439	738	SC4699	URC	07:50 07:57	LHW	10:40 10:15	138	1 758	11:30 11:58	HGH	14:15 14:31	153	1 775
B1592	738	AQ1287	HAK	09:15 09:26	KWE	11:10 10:46	80	910	12:10 12:33	LHW	14:25 14:36	123	1 327
B8167	321	MU5132	PEK	11:10 11:40	HGH	13:30 13:31	111	1 200	14:35 15:03	CAN	16:50 16:47	104	1 099
B6293	320	CZ3937	CSX	11:50 12:51	TAO	14:20 15:08	137	1437	15:20 17:25	CGQ	17:15 18:57	92	1 051
B7809	738	SC4755	TAO	12:00 12:26	CGO	13:45 14:11	105	741	14:45 15:44	KWE	17:10 17:57	133	1 302
B300F	319	JD5704	LHW	12:25 12:50	NNG	15:10 15:11	141	1 780	16:05 16:28	SYX	17:20 17:24	56	541
B300Z	319	A67141	KHN	12:50 13:33	LHW	15:30 16:05	152	1 392	—	—	—	—	—
⋮	⋮	⋮	⋮	⋮	⋮	⋮	⋮	⋮	⋮	⋮	⋮	⋮	⋮
B5450	738	SC4767	CKG	13:05 13:25	TNA	15:15 15:21	116	1 300	16:05 16:10	CGQ	18:05 17:55	105	1 210
B7825	738	MF8271	FOC	13:20 14:40	CSX	15:05 16:00	80	743	16:15 17:08	XIY	18:05 18:43	95	955
B8681	320	3U8062	CTU	13:45 14:17	LHW	15:10 15:39	82	940	16:05 16:39	URC	18:55 19:03	144	1 758
B5459	738	NS3228	LHW	14:10 15:25	CKG	15:55 17:03	98	1 117	—	—	—	—	—

飞机注册号	机型	航班号	运行数据										
			第一航段						第二航段				
			起飞机场	起飞时间（计划/实际）	到达机场	到达时间（计划/实际）	飞行时长	总里程	起飞时间（计划/实际）	到达机场	到达时间（计划/实际）	飞行时长	总里程
B5416	738	HU7431	LHW	14:10 14:32	SJW	16:00 16:13	101	967	17:00 17:16	CGQ	19:00 19:08	112	1 110
B1186	737	DR5305	LHW	15:15 15:30	TSN	17:15 17:44	134	1 242	—	—	—	—	—
B5475	738	MU2535	CAN	16:55 17:07	LHW	20:15 19:59	172	2 078	—	—	—	—	—
B8419	320	TV6026	LHW	17:00 17:05	SHE	19:50 19:30	145	1 900	—	—	—	—	—
B309Y	320	CZ6492	URC	17:10 17:21	LHW	19:50 19:40	139	1 758	20:40 20:49	SHE	23:35 23:08	139	1 900
B8227	320	MU2400	CSX	17:15 20:43	LHW	19:40 22:57	134	1 505	—	—	—	—	—

附录 D　2019 年某日凌晨乌鲁木齐地窝堡国际机场受降雪天气影响后次日部分航班运行数据

2019 年某日凌晨乌鲁木齐地窝堡国际机场受降雪天气影响后次日部分航班运行数据如表 4 所列。

表 4　2019 年某日凌晨乌鲁木齐地窝堡国际机场受降雪天气影响后次日部分航班运行数据

飞机注册号	机型	航班号	运行数据										
			第一航段						第二航段				
			起飞机场	起飞时间（计划/实际）	到达机场	到达时间（计划/实际）	飞行时长	总里程	起飞时间（计划/实际）	到达机场	到达时间（计划/实际）	飞行时长	总里程
B1482	738	9H6007	XIY	06:15 06:17	URC	10:00 10:17	240	2 306	—				
B6809	737	8L9555	KMG	06:20 06:30	SJW	09:05 09:06	156	2 092	10:05 10:12	HRB	12:25 12:06	114	1 464
B1598	737	DR6561	SHE	07:00 07:17	HET	09:15 09:21	124	1 051	10:15 10:20	LHW	12:00 12:04	104	858
B5633	738	MF8085	XMN	07:05 07:29	NKG	08:50 08:56	87	929	09:50 09:53	DLC	11:25 11:13	80	910
B1960	737	DR6529	KMG	07:25 07:57	TYN	10:00 10:18	141	1762	11:25 11:39	HET	12:25 12:18	39	351
B1031	320	GS7528	SYX	07:40 07:47	XIY	10:35 10:37	170	2 067	11:40 12:27	URC	15:30 16:16	229	2 306
B6837	320	GS7687	XIY	07:45 08:05	WUH	09:15 09:19	74	735	10:25 10:59	XMN	12:00 12:23	84	910
B5325	738	CA4369	URC	07:50 09:14	CAN	12:55 14:02	288	3 836	—				
B5151	738	MF8035	CSX	07:55 07:58	TNA	09:50 13:00	302	1 715	10:40 14:40	DLC	11:50 15:40	60	670
B1362	738	CZ6967	URC	08:00 09:02	LHW	10:40 11:30	148	1 758	11:35 12:32	HGH	14:20 14:59	147	1 775
⋮	⋮	⋮	⋮	⋮	⋮	⋮	⋮	⋮	⋮	⋮	⋮	⋮	⋮
B9958	320	CZ6953	DLC	08:55 08:56	XIY	11:35 11:22	146	1 246	12:40 14:16	URC	16:30 18:11	235	2 306
B2737	788	CZ6981	URC	09:30 13:04	SHA	14:20 17:04	240	3 649	—				
B5611	738	HU7823	URC	10:00 11:05	WUH	14:15 15:16	251	3 061	15:15 16:34	FOC	16:55 17:48	74	780

飞机注册号	机型	航班号	运行数据										
			第一航段						第二航段				
			起飞机场	起飞时间（计划/实际）	到达机场	到达时间（计划/实际）	飞行时长	总里程	起飞时间（计划/实际）	到达机场	到达时间（计划/实际）	飞行时长	总里程
B1241	738	CZ6577	HAK	10:15 10:18	KWE	12:00 11:42	84	910	13:05 15:14	URC	17:10 19:40	266	2 789
B20D7	788	CZ6901	URC	10:30 11:41	PEK	14:15 14:40	179	2 842	—	—	—	—	—
B6015	737	8L9991	KMG	10:55 11:04	LHW	13:30 13:02	118	1 749	14:30 14:36	URC	17:20 17:20	164	1 758
B5369	738	FM9222	URC	11:10 13:48	LHW	13:50 16:13	145	1 758	14:45 17:07	PVG	17:40 19:31	144	1 890
B6478	320	CA4152	URC	11:15 11:54	CTU	15:15 15:01	187	2 258	—	—	—	—	—
B1292	320	MU2769	NKG	11:20 12:04	XIY	13:35 13:35	91	1 104	14:45 15:04	URC	18:20 18:44	220	2 306
B8949	320	3U8062	CTU	13:45 14:23	LHW	15:10 15:22	59	940	16:05 16:34	URC	18:55 19:24	170	1 758

参考文献

[1] 国务院. 国务院关于促进民航业发展的若干意见. 2012(国发〔2012〕24 号).

[2] 中国民用航空局,国家发展与改革委员会,交通运输部. 中国民用航空发展第十三个五年规划. 2016.

[3] 中国民用航空局. 关于进一步深化民航改革工作的意见. 2016.

[4] 交通运输部. 航班正常管理规定. 2016(交通运输部令 2016 年第 56).

[5] 中国民用航空局. 公共航空运输服务消费者投诉管理办法. 2016(民航发〔2016〕130 号).

[6] 中国民用航空局. 民航航班时刻管理办法. 2018(民航发〔2018〕1 号).

[7] 中国民用航空局. 关于进一步提升民航服务质量的指导意见. 2018(民航发〔2018〕24 号).

[8] 中国民用航空局. 新时代民航强国建设行动纲要. 2018(民航发〔2018〕120 号).

[9] 张兆宁,王晶华. 机场大面积航班延误传播的状态空间模型[J]. 科学技术与工程,2018,18(31):246-250.

[10] BASPINAR B, KOYUNCU E. A Data-Driven Air Transportation Delay Propagation Model Using Epidemic Process Models[J]. International Journal of Aerospace Engineering, 2016, 2016:1-11.

[11] WU Q, HU M, MA X, et al. Modeling flight delay propagation in airport and airspace network[J]. IEEE, 2018:3556-3561.

[12] WU W, WU C L. Enhanced delay propagation tree model with Bayesian Network for modelling flight delay propagation[J]. Transportation Planning and Technology, 2018, 41(3):319-335.

[13] BORSKY S, UNTERBERGER C. Bad weather and flight delays:The impact of sudden and slow onset weather events[J]. Economics of Transportation, 2019, 18:10-26.

[14] 吴薇薇,张皓瑜,孟亭婷. 基于飞行资源分离的航班延误传播研究[J]. 南京航空航天大学学报,2018,50(5):8.

[15] 杨秀云,王军,何建宝. 航班延误关键影响因素及影响程度识别——基于动态排队模型的分析[J]. 统计与信息论坛,2014,29(4):88-95.

[16] QUE Z, H, Yue W. iop conference series:earth and environmental science simulation analysis of the effect of initial delay on flight delay diffusion[J]. [2024-05-28].

[17] YU B, GUO Z, ASIAN S, et al. Flight delay prediction for commercial air transport:A deep learning approach[J]. Transportation research, Part E. Logistics and transportation review, 2019, 125(May):203-221.

[18] 吴仁彪,李佳怡,屈景怡. 基于双通道卷积神经网络的航班延误预测模型[J]. 计算机应用,2018,38(7):2100-2106,2112.

[19] BELCASTRO L, MAROZZO F, TALIA D, et al. Using Scalable Data Mining for

Predicting Flight Delays[J]. ACM Transactions on Intelligent Systems and Technology, 2016, 8(1): A1-A20.

[20] KHANMOHAMMADI S, TUTUN S, KUCUK Y. A New multilevel Input Layer Artificial Neural Network for Predicting Flight Delays at JFK Airport[J]. Procedia Computer Science, 2016, 95: 237-244.

[21] ZHANG M, LIU K, KONG X, et al. Base of Aircraft Data-based operating cost prediction of arrival flight delay under short-term weather[J]. Advances in Mechanical Engineering, 2018, 10(4).

[22] TIAN Y, YE B, Estupiñá M S, et al. Stochastic Simulation Optimization for Route Selection Strategy Based on Flight Delay Cost[J]. Asia-Pacific Journal of Operational Research, 2018, 35(06): 1-24.

[23] LIU W, ZHU X, QI Y. Integrated fleet assignment and aircraft routing based on delay propagation[J]. Sādhanā: Academy Proceedings in Engineering Science 2016.

[24] MENONI S. Chains of damages and failures in a metropolitan environment: some observations on the Kobe earthquake in 1995[J]. Journal of Hazardous Materials, 2001, 86(1-3): 101-119.

[25] 郭增建, 秦保燕. 灾害物理学简论[J]. 灾害学, 1987(2): 30-38.

[26] 马宗晋, 方蔚青, 高文学. 中国减灾重大问题研究[M]. 北京: 地震出版社, 1992: 55-77.

[27] 倪晋仁, 李秀霞, 薛安, 等. 泥沙灾害链及其在灾害过程规律研究中的应用[J]. 自然灾害学报, 2004, 13(5): 1-9.

[28] KAPPES M, KEILER M, ELVERFELDT K, et al. Challenges of analyzing multi-hazard risk: a review[J]. Natural Hazards, 2012, 64(2): 1925-1958.

[29] DOMBROWSKY W R. Again and Again: Is a Disaster What We Call a 'disaster'? [J]. international journal of mass emengencies & disasters, 1995, 13(3): 241-254.

[30] 余瀚, 王静爱, 柴玫, 等. 灾害链灾情累积放大研究方法进展[J]. 地理科学进展, 2014, 33(11): 1498-1511.

[31] D. Globally networked risks and how to respond[J]. Nature, 2013, 497(7447): 51-59.

[32] 高峰, 谭雪. 城市雾霾灾害链演化模型及其风险分析[J]. 科技导报, 2018, 36(13): 73-81.

[33] 崔云, 孔纪名, 吴文平. 地震堰塞湖灾害链成灾演化特征与防灾思路[J]. 科技创新导报, 2010(30): 221-223.

[34] 周科平, 刘福萍, 胡建华, 等. 尾矿库溃坝灾害链及断链减灾控制技术研究[J]. 灾害学, 2013, 28(3): 24-29.

[35] 钟敦伦, 谢洪, 韦方强, 等. 论山地灾害链[J]. 山地学报, 2013(3): 314-326.

[36] 王可, 钟少波, 杨永胜, 等. 海洋灾害链及应用[J]. 灾害学, 2018, 33(04): 232-237.

[37] 张卫星, 周洪建. 灾害链风险评估的概念模型——以汶川5·12特大地震为例[J]. 地理科学进展, 2013, 32(1): 130-144.

[38] 陈明亮. 化工装置事故的多米诺效应定量分析关键问题研究, [D]. 北京: 北京化工大

学，2013.

[39] 高进东. 化工储罐区池火灾多米诺效应风险评估[J]. 中国安全生产科学技术，2013，9
 (7)：54-59.

[40] 周健，孙福新，高翔，等. 浒苔绿潮灾害经济损失评估模型初探[J]. 自然灾害学报，
 2018，27(02)：186-192.

[41] 周洪建，王曦，袁艺，等. 半干旱区极端强降雨灾害链损失快速评估方法——以甘肃岷
 县"5·10"特大山洪泥石流灾害为例[J]. 干旱区研究，2014，31(3)：440-445.

[42] 李静. 基于 Gradient Boosting 的台风损失预测及在指数保险定价上的应用研究，[D].
 长沙：湖南大学，2018.

[43] 接小峰，徐林荣，曹禄来，等. 铁路水害特征与致灾概率预测模型研究[J]. 灾害学，
 2015(1)：187-192.

[44] 侯静惟，方伟华，程锰，等. 基于 Copula 函数的海南热带气旋风雨联合概率特征分析
 [J]. 自然灾害学报，2019，28(03)：054-64.

[45] BUZNA L，PETERS K，HELBING D. Modelling the dynamics of disaster spreading in
 networks[J]. Physica A，2006，363(1)：132-140.

[46] 胡明生，贾志娟，雷利利，等. 基于复杂网络的灾害关联建模与分析[J]. 计算机应用研
 究，2013，30(8)：2315-2318.

[47] 刘爱华，吴超. 基于复杂网络的灾害链风险评估方法的研究[J]. 系统工程理论与实践，
 2015，35(2)：466-472.

[48] SHAO Q，JIA M. Influences on influenza transmission within terminal based on hier-
 archical structure of personal contact network[J]. BMC Public Health，2015，15
 (1)：257.

[49] SHAO Q，JIA M，TANG Z. Application of an Improved Individual Contact SEIR
 Model in the Influenza Spread Simulations inside Terminal[J]. Advanced Materials Re-
 search，2013，663：238-244.

[50] BUZNA L，PETERS K，AMMOSER H，et al. Efficient response to cascading disaster
 spreading[J]. Physical Review E，2007，75(5)：056107.

[51] PETERS K，BUZNA L，HELBING D. Modelling of cascading effects and efficient re-
 sponse to disaster spreading in complex networks. International Journal of Critical In-
 frastructures[J]，2016，4(4)：46-62.

[52] HONG S，YANG H，LI G，et al. Analysis of propagation dynamics in complex dy-
 namical network based on disturbance propagation model[J]. International Journal of
 Modern Physics B，2014，28(22)：1450149.

[53] 李泽荃，张瑞新，杨曌，等. 复杂网络中心性对灾害蔓延的影响[J]. 物理学报，2012，
 61(23)：557-563.

[54] 李泽荃，申咪，李碧霄. 异质无标度网络上中心性对灾害蔓延的影响[J]. 华北科技学院
 学报，2018，(1)：72-76.

[55] 翁文国，倪顺江，申世飞，等. 复杂网络上灾害蔓延动力学研究[J]. 物理学报，2007，
 56(4)：1938-1943.

［56］秦效宏，黄光球. 城市供水系统故障蔓延动力学研究[J]. 计算机工程与应用，2012，48 (16)：229-232.

［57］肖文锦，张琦. 基于灾害蔓延理论的拥堵传播建模与仿真[J]. 铁道科学与工程学报，2018，15(06)：1593-1600.

［58］GUO Q，LI L，Chen Y，et al. Modeling dynamics of disaster spreading in community networks[J]. Nonlinear Dynamics，2011，64(1)：157-165.

［59］文传甲. 广义灾害、灾害链及其防治探讨[J]. 灾害学，2000，15(4)：14-19.

［60］贾萌. 基于航空网络的航班延误次生衍生事件链式效应研究，[D]. 南京:南京航空航天大学，2015.

［61］中国民用航空局. 2010/11 年冬春航季国内航线经营许可和航班评审规则. 2010.